U0211949

面向新工科专业建设计算机系列教材

Python 语言程序设计

（微课视频版）

主　编　孙晋非

副主编　张　瑾　高　璟

清華大学出版社

北　京

内容简介

本书以精炼的语言在系统讲述 Python 语言基本语法的同时，以丰富的实例激发读者学习 Python 的热情，实例包括送你一朵花、猜数字、《西游记》词频统计、股票数据可视化等，引导读者从单纯的 Python 语法学习阶段进入应用 Python 解决实际问题的学习阶段。本书配有丰富的课后习题以及实验题，方便教师使用。

本书提供微课视频讲解，读者可以通过观看视频更好地理解本书内容。

本书适合作为高等院校 Python 程序设计课程的教材，也适合初学 Python 的读者自学使用。

图书在版编目（CIP）数据

Python 语言程序设计：微课视频版 / 孙晋非主编. —北京：清华大学出版社，2021.1（2022.3 重印）
面向新工科专业建设计算机系列教材
ISBN 978-7-302-57049-3

Ⅰ. ①P… Ⅱ. ①孙… Ⅲ. ①软件工具－程序设计－高等学校－教材 Ⅳ. ①TP311.561

中国版本图书馆 CIP 数据核字（2020）第 238164 号

责任编辑：刘向威　常晓敏
封面设计：文　静
责任校对：胡伟民
责任印制：杨　艳

出版发行：清华大学出版社
网　　址：http: //www.tup.com.cn, http: //www.wqbook.com
地　　址：北京清华大学学研大厦 A 座　　**邮　　编**：100084
社 总 机：010-83470000　　**邮　　购**：010-83470235
投稿与读者服务：010-62776969, c-service@tup.tsinghua.edu.cn
质量反馈：010-62772015, zhiliang@tup.tsinghua.edu.cn
印 装 者：三河市龙大印装有限公司
经　　销：全国新华书店
开　　本：185mm×260mm　　**印　　张**：13.75　　**字　　数**：340 千字
版　　次：2021 年 2 月第 1 版　　**印　　次**：2022 年 3 月第 3 次印刷
印　　数：8501～9500
定　　价：49.00 元

产品编号：090682-01

出版说明

一、系列教材背景

人类已经进入智能时代，云计算、大数据、物联网、人工智能、机器人、量子计算等是这个时代最重要的技术热点。为了适应和满足时代发展对人才培养的需要，2017 年 2 月以来，教育部积极推进新工科建设，先后形成了“复旦共识”“天大行动”“北京指南”，并发布了《教育部高等教育司关于开展新工科研究与实践的通知》《教育部办公厅关于推荐新工科研究与实践项目的通知》，全力探索形成领跑全球工程教育的中国模式、中国经验，助力高等教育强国建设。新工科有两个内涵：一是新的工科专业；二是传统工科专业的新需求。新工科建设将促进一批新专业的发展，这批新专业有的是依托于现有计算机类专业派生、扩展而成的，有的是多个专业有机整合而成的。由计算机类专业派生、扩展形成的新工科专业有计算机科学与技术、软件工程、网络工程、物联网工程、信息管理与信息系统、数据科学与大数据技术等。由计算机类学科交叉融合形成的新工科专业有网络空间安全、人工智能、机器人工程、数字媒体技术、智能科学与技术等。

在新工科建设的“九个一批”中，明确提出“建设一批体现产业和技术最新发展的新课程”“建设一批产业急需的新兴工科专业”。新课程和新专业的持续建设，都需要以适应新工科教育的教材作为支撑。由于各个专业之间的课程相互交叉，但是又不能相互包含，所以在选题方向上，既考虑由计算机类专业派生、扩展形成的新工科专业的选题，又考虑由计算机类专业交叉融合形成的新工科专业的选题，特别是网络空间安全专业、智能科学与技术专业的选题。基于此，清华大学出版社计划出版“面向新工科专业建设计算机系列教材”。

二、教材定位

教材使用对象为“211 工程”高校或同等水平及以上高校计算机类专业及相关专业学生。

三、教材编写原则

(1) 借鉴 *Computer Science Curricula* 2013(以下简称 CS2013)。CS2013 的核心知识领域包括算法与复杂度、体系结构与组织、计算科学、离散结构、图形学与可视化、人机交互、信息保障与安全、信息管理、智能系统、网络与通信、操作系统、基于平台的开发、并行与分布式计算、程序设计语言、软件开发基础、软件工程、系统基础、社会问题与专业实践等内容。

(2) 处理好理论与技能培养的关系，注重理论与实践相结合，加强对学生思维方式的训练和计算思维的培养。计算机专业学生能力的培养特别强调理论学习、计算思维培养和实践训练。本系列教材以"重视理论，加强计算思维培养，突出案例和实践应用"为主要目标。

(3) 为便于教学，在纸质教材的基础上，融合多种形式的教学辅助材料。每本教材可以有主教材、教师用书、习题解答、实验指导等。特别是在数字资源建设方面，可以结合当前出版融合的趋势，做好立体化教材建设，可考虑加上微课、微视频、二维码、MOOC 等扩展资源。

四、教材特点

1. 满足新工科专业建设的需要

系列教材涵盖计算机科学与技术、软件工程、物联网工程、数据科学与大数据技术、网络空间安全、人工智能等专业的课程。

2. 案例体现传统工科专业的新需求

编写时，以案例驱动，任务引导，特别是有一些新应用场景的案例。

3. 循序渐进，内容全面

讲解基础知识和实用案例时，由简单到复杂，循序渐进，系统讲解。

4. 资源丰富，立体化建设

除了教学课件外，还可以提供教学大纲、教学计划、微视频等扩展资源，以方便教学。

五、优先出版

1. 精品课程配套教材

主要包括国家级或省级的精品课程和精品资源共享课的配套教材。

2. 传统优秀改版教材

对于已经出版的、得到市场认可的优秀教材，由于新技术的发展，计划给图书配上新的教学形式、教学资源的改版教材。

3. 前沿技术与热点教材

反映计算机前沿和当前热点的相关教材，例如云计算、大数据、人工智能、物联网、网络空间安全等方面的教材。

六、联系方式

联系人：白立军
联系电话：010-83470179
联系和投稿邮箱：bailj@tup.tsinghua.edu.cn

“面向新工科专业建设计算机系列教材”编委会
2019年6月

系列教材编委会

计算机科学与技术专业核心教材体系建设——建议使用时间

课程系列	基础系列	电类系列	程序系列	系统系列	应用系列	选修系列
四年级下						
四年级上			软件工程综合实践	计算机体系结构	计算机图形学	机器学习 物联网导论 大数据分析技术 数字图像技术
三年级下			软件工程 编译原理		人工智能导论 数据库原理与技术 嵌入式系统	
三年级上			算法设计与分析	计算机网络		
二年级下			数据结构	计算机系统综合实践		
二年级上	离散数学（下）	数字逻辑设计 数字逻辑设计实验	面向对象程序设计 程序设计实践	操作系统		
一年级下	离散数学（上） 信息安全导论	电子技术基础	计算机程序设计	计算机原理		
一年级上	大学计算机基础					

前言

PREFACE

Python 语言是一种语法简洁、跨平台、扩展性强的开源通用脚本语言，是学习程序设计初学者的较好选择。

Python 拥有一个强大的标准库，提供了系统管理、网络通信、文本处理、数据库接口、图形系统、XML 处理等功能。此外，Python 社区提供了大量的第三方模块，使用方式与标准库类似，它们的功能覆盖科学计算、人工智能、机器学习、Web 开发、数据库接口、图形系统等多个领域。

近年来，Python 以入门容易、第三方库丰富的特点受到了广大程序开发者的喜爱，在各种编程语言排行榜上，Python 都名列前茅。IEEE Spectrum 最新发布的 2020 年度编程语言排行榜，Python 再次名列第一。目前，国内很多高等院校都选择 Python 作为学生学习的第一门程序设计语言。

本书按照程序设计语言的学习规律，讲练结合，力求将 Python 程序设计基础深入浅出、循序渐进地呈现给读者，并通过有趣的实例激发读者学习程序设计的兴趣，为以后在各自专业中使用 Python 解决实际问题做好准备。在编写上，我们力求用简练的语言把语法规定表述清楚，并且配以例题以及课后习题帮助学生理解。

本书共分为 9 章。第 1 章为 Python 语言简介；第 2 章为 Python 语言基础；第 3 章为 Python 控制结构；第 4 章为组合数据类型；第 5 章为函数；第 6 章为文件；第 7 章为科学计算与数据分析基础；第 8 章为网络爬虫基础；第 9 章为实验。

本书由中国矿业大学计算机学院教师编写，孙晋非编写第 1 章和第 6～8 章，张瑾编写第 2、3 章，高璟编写第 4、5 章，第 9 章为孙晋非、张瑾、高璟共同编写。

本书编写过程中，参考学习了很多 Python 程序设计方面的书籍和网络资源，在此向所有作者表示感谢。限于作者水平有限，书中的内容难免有不完善之处，敬请各位同行和广大读者谅解指正。

编　者

2020 年 10 月于中国矿业大学

CONTENTS 目录

第 1 章　Python 语言简介 ……………………………………………………… 001
1.1　计算机程序设计语言 ……………………………………………………… 001
1.2　Python 的发展与特性 ……………………………………………………… 002
1.3　Python 的开发环境与运行 ………………………………………………… 003
1.4　实例　送你一朵花 ………………………………………………………… 004
课后习题 ………………………………………………………………………… 008
第 2 章　Python 语言基础 ……………………………………………………… 010
2.1　实例　计算体重指数 BMI ………………………………………………… 010
2.1.1　体重指数BMI计算 ……………………………………………………… 011
2.1.2　input()函数 ……………………………………………………………… 012
2.1.3　print()函数 ……………………………………………………………… 012
2.2　标识符 ……………………………………………………………………… 013
2.2.1　标识符 …………………………………………………………………… 013
2.2.2　Python保留字 …………………………………………………………… 014
2.3　变量和赋值语句 …………………………………………………………… 014
2.3.1　变量 ……………………………………………………………………… 014
2.3.2　链式赋值语句 …………………………………………………………… 016
2.3.3　同步赋值语句 …………………………………………………………… 016
2.4　常量 ………………………………………………………………………… 017
2.5　数值数据类型 ……………………………………………………………… 018
2.5.1　整型 ……………………………………………………………………… 018
2.5.2　浮点型 …………………………………………………………………… 019
2.5.3　复数型 …………………………………………………………………… 020
2.6　数值数据的运算 …………………………………………………………… 020
2.6.1　内置数值数据运算符和表达式 ………………………………………… 020
2.6.2　内置数学运算函数 ……………………………………………………… 023
2.6.3　内置数值类型转换函数 ………………………………………………… 024

2.7 math 库 …… 026

2.7.1 math库的导入 …… 026

2.7.2 math库的函数 …… 027

2.7.3 math库的应用 …… 029

2.8 格式化输出 …… 029

2.8.1 格式化字符串中的格式控制 …… 030

2.8.2 format()函数输出多项 …… 034

2.9 Python 语言的特点 …… 035

2.9.1 Python语言是动态类型语言 …… 035

2.9.2 对象的值比较（==）和引用判断（is） …… 037

2.9.3 Python是强类型语言 …… 038

2.10 本章小结 …… 039

课后习题 …… 040

第 3 章 Python 控制结构 …… 044

3.1 条件表达式 …… 044

3.1.1 关系运算符 …… 045

3.1.2 布尔型数据 …… 046

3.1.3 关系表达式 …… 046

3.2 选择结构 …… 047

3.2.1 单分支选择结构 …… 047

3.2.2 双分支选择结构 …… 048

3.2.3 多分支选择结构 …… 050

3.2.4 选择结构的嵌套 …… 053

3.2.5 选择结构的常见问题 …… 054

3.3 逻辑运算 …… 054

3.3.1 逻辑运算符 …… 055

3.3.2 逻辑运算的短路逻辑 …… 057

3.3.3 复杂的条件表达式 …… 057

3.3.4 实例 判断闰年 …… 058

3.4 random 库 …… 058

3.5 循环结构 …… 061

3.5.1 while循环 …… 061

3.5.2 for循环 …… 064

3.5.3 辅助控制语句 …… 066

3.5.4 else子句 …… 069

3.5.5 循环的嵌套 …… 069

3.6 异常 …… 071

3.6.1 异常的概念 …… 071
3.6.2 异常的捕获 …… 072
3.7 常用算法 …… 075
3.7.1 枚举法 …… 075
3.7.2 迭代算法 …… 077
3.8 实例 猜数游戏 …… 079
3.9 本章小结 …… 080
课后习题 …… 081
第 4 章 组合数据类型 …… 087
4.1 序列 …… 087
4.1.1 字符串 …… 088
4.1.2 列表 …… 096
4.1.3 元组 …… 101
4.1.4 序列类型通用函数 …… 102
4.2 映射-字典 …… 105
4.2.1 字典的创建 …… 106
4.2.2 字典的基本操作 …… 107
4.2.3 字典的方法 …… 108
4.3 集合 …… 111
4.3.1 集合的创建 …… 111
4.3.2 集合的基本操作 …… 112
4.3.3 集合的内置函数和方法 …… 113
4.4 datetime 库 …… 115
4.5 本章小结 …… 116
课后习题 …… 116
第 5 章 函数 …… 119
5.1 实例 组合数问题 …… 119
5.2 函数的定义和调用 …… 120
5.2.1 函数的定义 …… 120
5.2.2 函数的调用 …… 121
5.2.3 函数的嵌套 …… 124
5.2.4 lambda函数 …… 124
5.3 函数的参数 …… 125
5.3.1 参数的传递 …… 125
5.3.2 参数的可变性 …… 126
5.3.3 不同类型的参数 …… 127
5.4 变量的作用域 …… 128

5.5 模块 …… 129
5.6 递归函数 …… 130
5.7 本章小结 …… 133
课后习题 …… 133
第 6 章 文件 …… 136
6.1 文件概述 …… 136
6.2 文件的打开与关闭 …… 137
6.3 读文件 …… 138
6.4 写文件 …… 141
6.5 实例 《西游记》词频统计 …… 143
6.6 本章小结 …… 144
课后习题 …… 145
第 7 章 科学计算与数据分析基础 …… 147
7.1 numpy 库的使用 …… 147
7.1.1 什么时候需要numpy …… 147
7.1.2 创建ndarray …… 148
7.1.3 ndarray的基本特性 …… 148
7.1.4 ndarray的基本操作 …… 149
7.2 pandas 库的使用 …… 151
7.2.1 Series …… 151
7.2.2 DataFrame …… 153
7.3 matplotlib 库的使用 …… 155
7.3.1 基本绘图函数plot() …… 156
7.3.2 其他常用绘图函数 …… 158
7.3.3 绘制子图 …… 159
7.4 实例 股票数据可视化 …… 161
7.5 本章小结 …… 162
课后习题 …… 163
第 8 章 网络爬虫基础 …… 164
8.1 爬虫程序概述 …… 164
8.2 requests 库的使用 …… 165
8.3 Beautiful Soup 库的使用 …… 169
8.3.1 Beautiful Soup的4种对象 …… 170
8.3.2 遍历标签树 …… 170
8.3.3 搜索标签树 …… 174
8.4 实例 全国各省市好大学的分布统计 …… 175

8.5 本章小结 …… 177
课后习题 …… 177
第 9 章 实验 …… 179
9.1 实验 1 Python 开发环境的使用 …… 179
9.1.1 实验目的 …… 179
9.1.2 实验内容 …… 179
9.1.3 难点提示 …… 183
9.2 实验 2 Python 语言基础 …… 184
9.2.1 实验目的 …… 184
9.2.2 实验内容 …… 185
9.3 实验 3 Python 控制结构 …… 185
9.3.1 实验目的 …… 185
9.3.2 实验内容 …… 186
9.4 实验 4 组合数据类型 …… 188
9.4.1 实验目的 …… 188
9.4.2 实验内容 …… 188
9.4.3 难点提示 …… 190
9.5 实验 5 函数 …… 191
9.5.1 实验目的 …… 191
9.5.2 实验内容 …… 191
9.5.3 难点提示 …… 193
9.6 实验 6 文件 …… 194
9.6.1 实验目的 …… 194
9.6.2 实验内容 …… 194
9.7 实验 7 科学计算与数据分析基础 …… 196
9.7.1 实验目的 …… 196
9.7.2 实验内容 …… 196
9.8 实验 8 网络爬虫基础 …… 197
9.8.1 实验目的 …… 197
9.8.2 实验内容 …… 197
参考文献 …… 198

第1章 Python语言简介

学习目标

- 了解计算机程序设计语言的发展过程
- 理解计算机程序设计语言的作用和分类
- 了解 Python 语言的发展与特性
- 掌握 Python 程序的两种运行方式

通常所说的学编程，其实就是学习一种程序设计语言来描述解决问题的方法，并指挥计算机完成任务。既然程序设计语言也是一门语言，学程序设计语言的方法就和学中文、学英文有些类似，需要学习者多读程序、多写程序，理解计算机输出的计算结果或者出错提示。

Python 语言是一种语法简洁、跨平台、扩展性强的开源通用脚本语言。对编程基础薄弱的学习者来说，Python 语言是学习程序设计的绝佳选择。

1.1 计算机程序设计语言

现代电子计算机经过数十年的快速发展，具有运算速度快、存储容量大等优点。人们希望利用计算机的这些优点，指挥计算机完成一些人类无法快速完成的任务，如计算导弹发射角度、分析财经数据变化规律等，都需要人们能够把这些任务描述清楚，传达给计算机，而且计算机能够理解人们的命令，能够知道人们要它去做什么，这些命令是人们与计算机交流的重要方式，也就是计算机程序。计算机接收用户输入的程序，并把程序存储在存储器中，然后中央处理器（CPU）就可以依次自动取出程序中的每条指令，分析、执行指令之后，把处理结果输出给用户，这就是计算机的基本工作原理。

人们如何把计算机需要完成的任务描述清楚呢？就像两个人聊天一样，一种可能性是双方说同一种语言，另一种可能性是需要一位翻译。

计算机中存储和处理的都是二进制代码 0 和 1，因此可以认为二进制代码是计算机的语言，也称为机器语言。机器语言是计算机唯一能够理解的语言，机器语言程序也是计算机唯一能够直接运行的程序，早期的程序员就是使用机器语言给计算机下达命令的。但是，二进制代码对于人类来说，读写和理解都很困难，因此需要请翻译来帮忙。这就出现了用助记符代替 0/1 代码的汇编语言，汇编语言将 0/1 代码指令表示为易读、易记、易理解的助记符指令，如用 ADD 表示加法、MOV 表示移位运算等。汇编语言比机器语言直观多了，但是需要将汇编语言编写的程序翻译为机器代码。同时，汇编语言通用性较差，依赖于具体的 CPU，如 8088 汇编语言。同样地，一个汇编语言的程序写好后，在 8088CPU 的机器上可以运行，换到别的 CPU 的机器上就不能运行了。于是，更加远离硬件的程序设计语言出现了，这就是高级程序设计语言。早期以 BASIC 语言为代表，目前比较流行的高级程序设计语言有 C、C++、Python 以及 Java 等。高级程序设计语言类似自然语言英语，人们可以更加轻松地表达思想设计算法。同时相比人类自然语言，高级程序设计语言在语法规定上更加精密，在语义上更加准确。

如果计算简单的算术运算 12−3，用机器语言、汇编语言以及高级语言编写的代码（以 Python 为例）如图 1-1 所示。

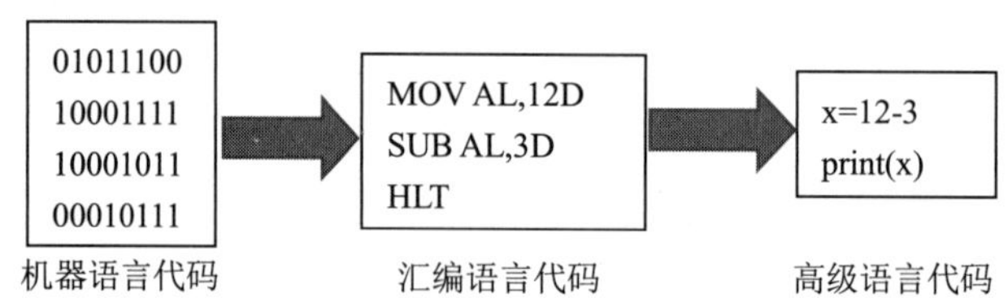

图 1-1 机器语言代码、汇编语言代码以及高级语言代码对比图

高级语言程序也需要一位翻译来将其翻译为机器代码。翻译分为两种，一种是编译方式，一种是解释方式。编译方式类似于“笔译”，是指在高级语言程序源代码执行之前，将程序源代码一次性“翻译”成机器语言目标代码，再执行。这种方式实现复杂，但是能产生相对而言较高效率的目标代码。采用编译方式执行的编程语言是静态语言，如 C 语言、Java 语言等。解释方式类似于“口译”，高级语言程序源代码由相应语言的解释器翻译一句，然后执行一句。这种方式效率不是很高，但是比较灵活。采用解释方式执行的编程语言是脚本语言，典型的解释型高级语言有 BASIC 语言、JavaScript 语言等。Python 语言是一种脚本语言，虽然采用解释执行方式，但它的解释器也保留了编译器的部分功能。随着程序运行，解释器也会生成一个完整的目标代码，这种将解释器和编译器结合的新解释器是现代脚本语言为了提升计算性能的一种有益演进。

1.2 Python 的发展与特性

1989 年，Guido 在圣诞假期设计了 Python 语言，之所以选中 Python（蟒蛇）作为程序的名字，是因为 Guido 是 BBC 电视剧 Monty Python’s Flying Circus 的爱好者。

目前，市场上有两个 Python 的版本并存着，分别是 Python 2.x 和 Python 3.x。Python 3 并不向下兼容 Python 2，因此 Python 3 中的库函数都是重新编写的。

Python 拥有一个强大的标准库，Python 语言的核心只包含数字、字符串、列表、字典、文件等常见类型和函数，而由 Python 标准库提供了系统管理、网络通信、文本处理、数据库接口图形系统、XML 处理等额外的功能。

Python 社区提供了大量的第三方模块，使用方式与标准库类似。它们的功能覆盖科学计算、人工智能、机器学习、Web 开发、数据库接口、图形系统等多个领域。

近年来，因为 Python 容易入门、第三方库丰富的特点，受到了广大程序开发者的喜爱，在各种编程语言排行榜上，Python 都名列前茅。IEEE Spectrum 最新发布的 2020 年度编程语言排行榜，Python 再次排名第一，如图 1-2 所示。

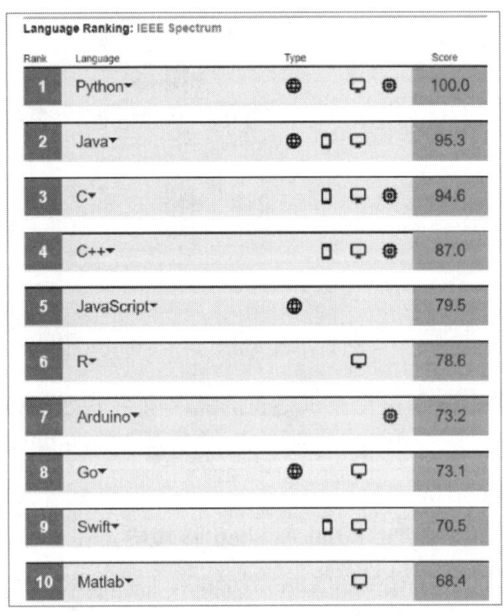

Language Ranking: IEEE Spectrum

Rank	Language	Type	Score
1	Python		100.0
2	Java		95.3
3	C		94.6
4	C++		87.0
5	JavaScript		79.5
6	R		78.6
7	Arduino		73.2
8	Go		73.1
9	Swift		70.5
10	Matlab		68.4

图 1-2　2020 年 IEEE Spectrum 编程语言排行榜

1.3　Python 的开发环境与运行

Python 有很多可以使用的开发环境，如 IDLE、Pycharm、Anaconda 等，考虑到初学者需要使用简便容易上手的开发环境，本书选用 IDLE。

图 1-3　IDLE 安装软件下载界面

IDLE 的安装程序可以从 Python 的官方网站 www.python.org 上下载，其下载界面如图 1-3 所示，可以根据不同的操作系统选择不同的安装版本来下载。安装的时候，最好选中“Add Python 3.?　to PATH”复选框（“？”表示具体的版本号，本书使用的版本为 Python 3.8），如图 1-4 所示。如果安装的时候没有选中，安装成功后也可以在“系统设置”中选择“高级”选项卡下的“环境变量”，将 Python 的实际安装路径添加到“PATH”中，如图 1-5 所示。

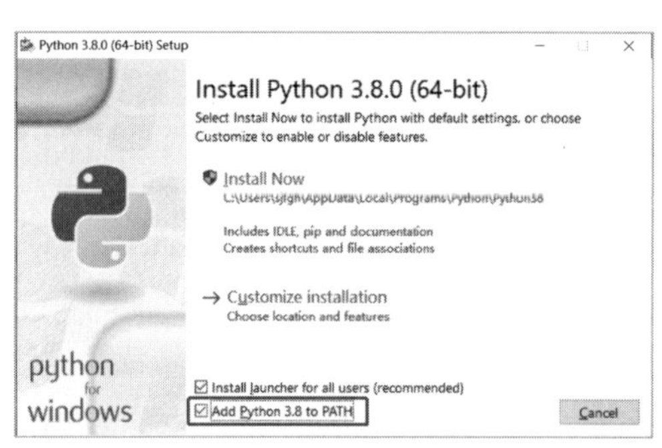

图 1-4　IDLE 安装界面

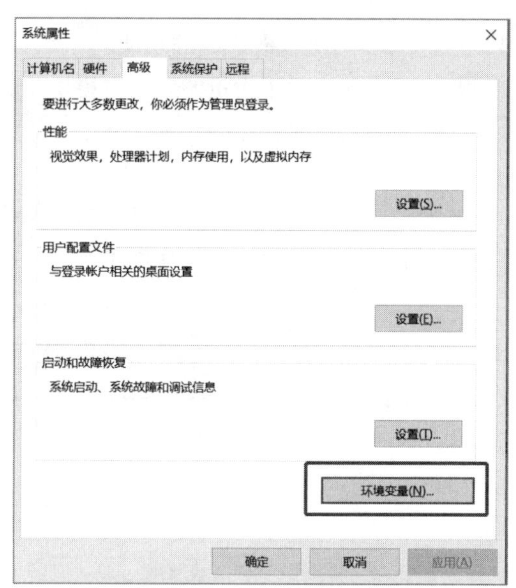

图 1-5　环境变量设置窗口

Python 有两种运行方式，分别是交互式运行方式和文件式运行方式，下面以 Hello world 为例介绍两种运行方式。

【例 1-1】 输出字符“Hello World!”。

方法 1：交互式运行方式。Python IDLE Shell 环境中，在命令提示符>>>之后，输入代码 print("Hello World!")，然后回车，就可以看到输出结果：“Hello World!”。

```
>>> print("Hello world!")
Hello world!
```

方法 2：文件式运行方式。Python IDLE Shell 环境中，执行 File 菜单下的 New File 命令，弹出一个新的 Python File 编辑窗口，在此窗口中输入代码 print("Hello World!")，执行 Run 菜单下的 Run Module 命令，系统会提示先保存文件，保存好文件后，显示运行结果。

ex1-1.py

```
print("Hello world!")
```

【运行结果】

```
Hello world!
```

1.4　实例　送你一朵花

【实例功能】 绘制一朵花送给你的朋友。

【实例代码】

实例 1 送你一朵花.py

```
import turtle
```

```
#画花瓣
for i in range(0,13):
    turtle.begin_fill()
    turtle.color("black")
    turtle.fillcolor("red")
    turtle.circle(60-5*i,120)
    turtle.forward (60-3*i)
    turtle.end_fill()
    turtle.right(18)
#画花茎
turtle.penup()
turtle.goto(0,0)
turtle.pendown()
turtle.width (10)
turtle.color("green")
turtle.forward(200)
#画叶子
turtle.penup()
turtle.goto(-33,-100)
turtle.pendown()
turtle.begin_fill()
turtle.width (2)
turtle.color("black")
turtle.fillcolor("green")
turtle.left(90)
turtle.circle(60,120)
turtle.left(60)
turtle.circle(60,120)
turtle.end_fill()
```

【运行结果】

【解析】

1. 绘制花朵

turtle 库是 Python 语言中一个很流行的绘制图像的函数库，可以想象一只小乌龟拿着一支笔，在一个横坐标为 x、纵坐标为 y 的坐标系原点(0,0)的位置开始，它根据一组函数指令的控制，

在这个平面坐标系中移动，从而在其爬行的路径上绘制了图形。

turtle 库中定义了很多方法来表示小乌龟的动作、状态以及笔的状态等。例如，代码中的 turtle.forward (60-3*i)，forward()表示前进，括号中的数值表示前进的距离，这里的距离单位是像素。

turtle 常用动作方法如表 1-1 所示；turtle 常用控制笔方法，如表 1-2 所示。

表 1-1　turtle 常用动作方法

方法名称	举　例
forward()/fd()	forward(100)表示前进 100 像素
backward/bk()/back()	backward(100)表示后退 100 像素
right()/rt()	right(90)表示向右旋转 90°
left()/lt()	left(90)表示向左旋转 90°
goto()/setpos()/setposition()	goto(100,200)表示改变位置到点(100,200)
circle()	circle(100)画半径为 100 的圆 circle(100,180)画半径为 100 的圆的一半
speed()	参数取值范围为 1～10，speed(1)表示移动速度最慢，参数越大速度越快

表 1-2　turtle 常用控制笔方法

方法名称	举　例
pendown()/pd()/down()	pendown()放下笔，表示移动时会画出轨迹，无参数
penup()/pu()/up()	penup()抬起笔，表示移动时不会画出轨迹，无参数
pensize()/width()	pensize(10)表示画出轨迹宽度为 10，参数越大轨迹越粗
color()	color("black")表示画出黑色的轨迹
begin_fill()	begin_fill()表示填充色开始，无参数
end_fill()	end_fill()表示填充色结束，无参数
fillcolor()	fillcolor("red")表示填充为红色

实例 1 代码中的第 1 行 import turtle，是导入 turtle 库，相当于告诉系统接下来会使用这个库，也可以写作 from turtle import *，这两句话的作用一样。此处的“*”表示 turtle 库中所有的方法，也可以根据需要只导入某些方法，如 from turtle import forward。这两种写法的不同是如果使用 import turtle 导入 turtle 库，后面代码调用函数时需要注明库的名字，如 turtle.penup()；但是如果使用 from turtle import *导入 turtle 库，后面代码调用函数时不需要注明库的名字，如 penup()。

第 3～10 行代码为画花瓣。这里使用的是 for 循环语句，详细使用方法参见本书 3.5 节。第 4～10 行代码会被重复执行 13 次，i 分别依次取值 0、1、2、3、4、5、6、7、8、9、10、11、12。第 7 行代码 turtle.circle(60-5*i,120)用于画圆，括号内的第 1 个参数 60-5*i 表示圆的半径，随着 i 取值越来越大，半径会越来越小，也就是从花外沿的大花瓣画到花中间的小花瓣，括号内第 2 个参数 120 表示不是画一个整圆，而是只画圆的三分之一。第 4 行代码 turtle.begin_fill()

和第 9 行代码 turtle.end_fill()是成对出现的，表示第 4～9 行代码中间的部分是需要填充颜色的。

第 12～17 行代码为画花茎。第 13 行代码 turtle.goto(0,0)表示小海龟移动到原点，这个移动会带有轨迹，如果不显示轨迹，可以使用 penup()，相当于小海龟会收起画笔，不画轨迹，到达指定点后，再使用 pendown()，表示放下笔开始画。

第 19～30 行代码为画叶子。第 27 行和第 29 行分别使用 circle()绘制了两个圆的一部分，作为叶子轮廓的两条弧线，然后进行颜色填充。

2. Python 语言程序的特征

从实例 1 的程序可以看出，Python 程序的每行都是一个语句，所有语句都遵循左对齐原则。例如，第 3 行的 for 语句的末尾是冒号“:”，这种情况下，下面若干行属于 for 的语句都需要缩进若干空格（通常缩进 4 个空格，但也可以根据自己的习惯来定，只要保证同一源文件内缩进空格的数量一致就可以），而且这些缩进的语句也必须左对齐。

第 2 行、第 11 行和第 18 行代码出现的符号“#”，是 Python 程序里注释行的开始标记。注释语句也可以写在程序代码行的后面，一般用于对代码做出解释，不影响程序的运行。如果需要将若干连续语句设置为注释块，也可以使用 3 个单引号“'''”作为注释块的开始和结束标记。

另外，Python 语言允许把多条语句写在一行中，使用分号“;”来分隔各个语句。Python 语言还可以将一条长语句分成多行显示，如果一条语句太长，不想在同一行显示，只要在该行的末尾加上续行符“\”就可以了。需要注意的是：这里所有的符号，如冒号、分号、引号等，都是英文标点符号，不是中文标点符号，如果输入中文标点符号，则会出错。

最后，Python 语言区分大小写。例如，第 1 行代码 import turtle，如果写成 Import turtle，则会出错。

3. 创建可执行文件

后缀为.py 的文件只能在安装有 Python 运行环境的机器上运行，如果把.py 文件传送到没有安装 Python 运行环境的机器上，将无法看到运行的结果。因此，在送出花之前，需要把.py 文件转换成以.exe 为后缀的可执行文件，这样收到文件的朋友就都可以顺利在他的机器上运行这个可执行文件。

为了将.py 文件转化成可执行文件，可以使用 Python 的第三方库 PyInstaller。该库是跨平台的，它既可以在 Windows 平台上使用，也可以在 Mac OS X 平台上运行。在不同的平台上使用 PyInstaller 工具的方法是一样的，它们支持的选项也是一样的。

Python 默认并不包含 PyInstaller 模块，因此需要自行安装 PyInstaller 模块。在命令行窗口输入 pip install pyinstaller，如图 1-6 所示，安装完成后，会显示安装成功的提示。

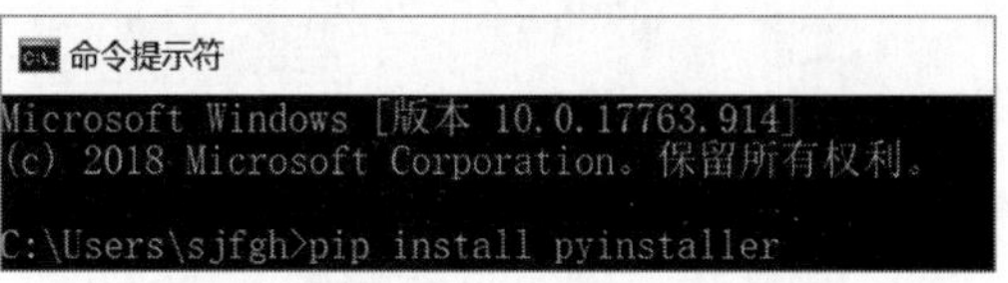

图 1-6 安装第三方库 pyinstaller

第 1 步，命令行窗口中，使用 cd 命令进入存放“实例 1 送你一朵花.py”文件的文件夹。

第 2 步，运行命令 pyinstaller -F 实例 1 送你一朵花.py，如图 1-7 所示。在一串提示之后，可以看到创建成功的提示。当生成完成后，将会在此目录下看到多了一个 dist 目录，并在该目录下看到有一个“实例 1 送你一朵花.exe”的文件，这就是使用 PyInstaller 工具生成可执行程序的结果。

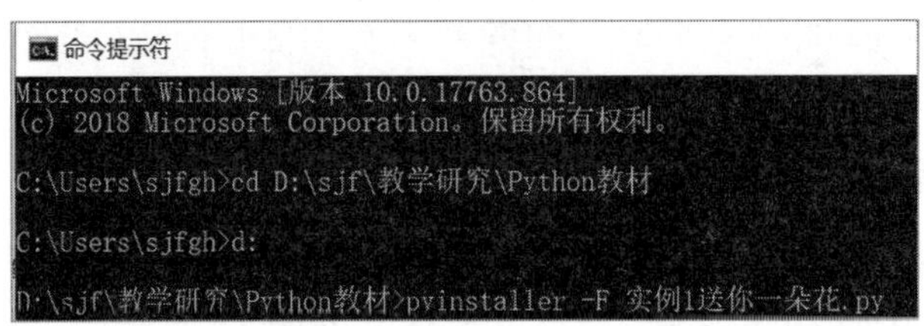

图 1-7 pyinstaller 命令运行过程

Python 语言之所以受到广大程序员的喜爱，有一个重要的原因就是 Python 拥有丰富的标准库和强大的第三方库。这些库提供了各种功能的实现，使程序员走出刀耕火种从头开始的编程困境，通过调用库中的函数可以轻松实现一些复杂的功能。

初学者在使用标准库和第三方库时需要注意：标准库只需要在使用前用 import 语句通知系统，即可使用，如 turtle 库；而第三方库需要先安装到计算机上，然后用 import 语句导入，最后才能使用，如 pyinstaller 库。

课后习题

一、选择题

1. 下列有关 Python 的描述，_______是错误的。

   A. Python 2 和 Python 3 相互兼容

   B. Python 拥有一个强大的标准库

   C. Python 是一种高级程序设计语言

   D. Python 社区提供了大量的第三方模块

2. 以下语句中，不能改变 turtle 绘制方向的是_______。

   A. turtle.left(90)　　B. turtle.circle(90,90)

   C. turtle.right(90)　　D. turtle.forward(90)

3. 运行下列程序代码，运行结果是_______。

```
import turtle
turtle.circle(100,180)
```

A. 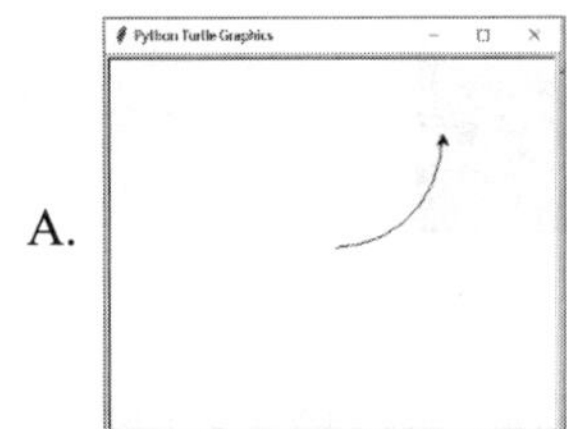

B. 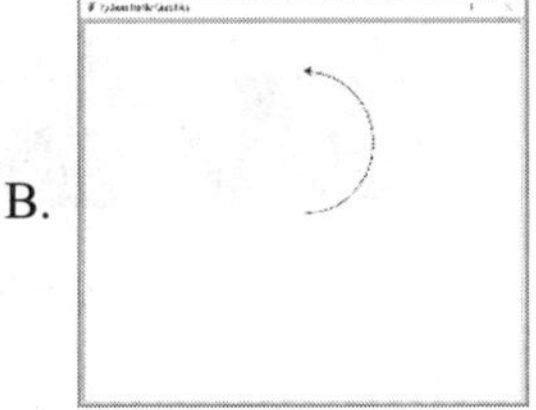

C. 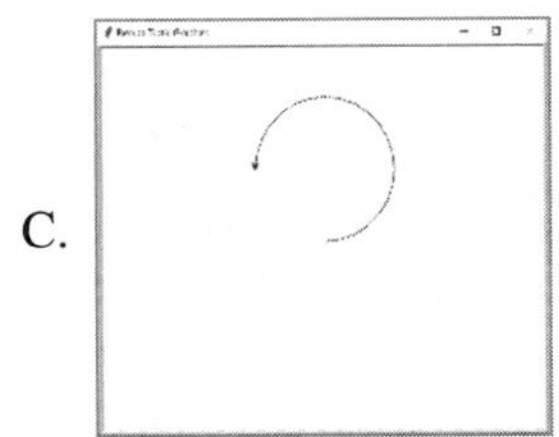

D. 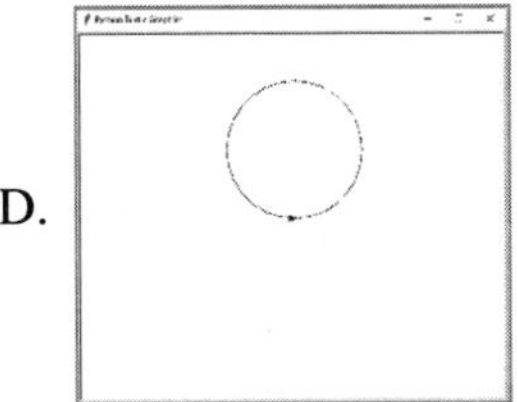

二、填空题

1. 计算机程序设计语言可以分为三大类，分别是__________、__________和___________。

2. 补全下列程序代码，以原点作为起点，实现绘制一个边长为 100 的正三角形的功能，下图为运行结果。

```
import ________
turtle.forward(100)
turtle.left(_______)
turtle.forward(100)
turtle.left(120)
turtle.forward(_______)
```

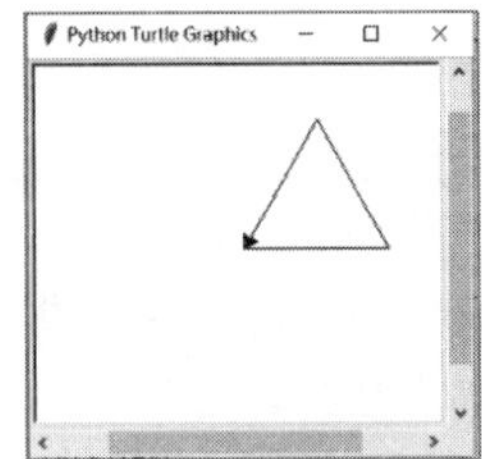

三、编程题

1. 编写程序，绘制奥运五环旗。
2. 编写程序，绘制五星红旗。
3. 编写程序，为你的朋友绘制一张生日贺卡。

第 2 章 Python 语言基础

学习目标

- 掌握常量和变量的概念及其使用方法
- 掌握数值数据类型及其运算
- 掌握数值数据内置函数
- 了解 math 库，掌握 math 库常用函数
- 掌握 input()函数和 print()函数的基本用法
- 了解 Python 语言的特点
- 掌握格式化输出的使用方法

本章主要介绍 Python 的基本要素和语法基础，包括输入语句和输出语句，以及数值数据的表示和运算。

2.1 实例 计算体重指数 BMI

本节通过计算体重指数的实例，简要介绍通过程序解决问题的方法，并认识程序中的基本元素，如变量、赋值语句、表达式以及数据的输入和输出。

体重指数（body mass index，BMI）是一种衡量人体肥胖的标准，它的计算公式如下（公式中体重的单位为 kg，身高的单位为 m）。

$$BMI=体重/身高^2$$

世界卫生组织制定的亚洲人 BMI 参考标准如表 2-1 所示。

表 2-1 亚洲人 BMI 参考标准

BMI 值	BMI＜18.5	18.5≤BMI＜22.9	22.9≤BMI＜24.9	24.9≤BMI＜29.9	BMI≥29.9
亚洲人标准	偏瘦	正常	偏胖	肥胖	重度肥胖

2.1.1 体重指数 BMI 计算

【例 2-1】编写程序，输入身高和体重，计算体重指数 BMI。

编写程序主要包括两个步骤：首先设计解决问题的算法，然后把算法转化成程序代码。所谓算法，就是解决问题的有序步骤。计算 BMI 的算法步骤如下。

（1）提示用户输入体重和身高，单位分别为千克（kg）和米（m）。

（2）使用公式 BMI=体重/身高^{2}计算 BMI，结果保留一位小数。

（3）输出结果。

【参考代码】

ex2-1.py

```
1       weight=eval(input("请输入您的体重（千克）："))
2       height=eval(input("请输入您的身高（米）："))
3       BMI=round(weight/(height*height),1)
4       print("您的 BMI 为:",BMI)
```

【运行结果】

```
请输入您的体重（千克）：65
请输入您的身高（米）：1.7
您的 BMI 为：22.5
```

【解析】

程序的第 1 行和第 2 行是数据输入；第 3 行是数据处理，计算 BMI，并且用 round()函数使得 BMI 仅保留一位小数；第 4 行实现数据输出。

变量 weight、height、BMI 是存储在计算机内存中数据的引用，可以理解为这些数据在内存中的“门牌号”或“标签”。使用赋值语句把一个值赋予一个变量，实现变量和值的绑定。

程序第 1 行的赋值语句运行之后，会在控制台显示一个提示信息：“请输入您的体重（千克）：”，等待输入数据。假设输入“65”，然后回车，程序继续运行。input()函数返回字符串“65”，函数 eval()返回字符串“65”的整型数据 65，并赋值给变量 weight。赋值操作相当于给内存中的数据 65 贴上 weight“标签”，实现了 65 和变量 weight 的绑定，通过访问 weight 就可以访问到 65。程序的第 2 行代码提示用户输入身高，假设用户输入“1.7”，函数 eval()返回字符串“1.7”的浮点型数据 1.7，并赋值给变量 height。程序的第 3 行首先计算表达式 weight/ (height*height)的值，然后 round()函数把计算所得的值仅保留一位小数，再把仅保留一位小数的结果赋值给 BMI。3 个赋值语句结束后，数据与变量之间的关系如图 2-1 所示。

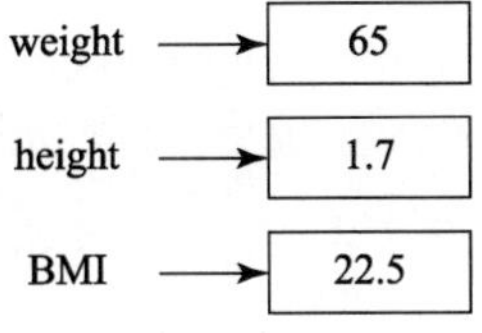

图 2-1 赋值示意图

例 2-1 可以求出 BMI，但是如果程序能进一步给出表 2-1 关于肥胖程度的提示，实现的功能将会更完整。为此，需要分支结构，详见例 3-4。

2.1.2 input()函数

例 2-1 中，weight 和 height 的数据使用 input()函数接收用户通过键盘输入的数据。input()函数的语法格式如下：

```
变量= input("用户提示信息：")
```

input()函数的功能是提示用户输入数据，并以字符串类型返回用户输入的数据。

（1）括号里面的字符串称为 input()函数的参数，起到提示用户输入数据信息的作用，是可选参数。所谓可选参数即可以省略的参数，但若省略“用户提示信息”，用户将不知道何时何处输入何数，用户体验不好。因此，通常使用 input()函数时，总是要有提示信息参数。用户按照提示，输入数据后，程序继续运行，input()函数返回用户输入的数据。

（2）input()函数的返回值是字符串类型，而字符串是不能做数学运算的，可以使用 eval()、float()、int()等函数把字符串数据转换成数值型数据（详见本章 2.6.3 节）。例如，eval("5")返回整数 5；eval ("9.8")返回浮点数 9.8。

2.1.3 print()函数

print()是输出函数，它具有丰富的功能，语法格式如下：

```
print([数据项1,…, 数据项n][, sep=' '][, end='\n'])
```

其中，带方括号的参数是可选参数。使用函数时，可选参数可以省略。

1. 数据项

当数据项省略时，print()函数输出一个空行；当只有一个数据项时，print()函数输出一项后换行；当有多个以逗号分隔的数据项时，print()函数输出多项，输出的各项同在一行，并且各项之间默认以空格相隔，输出行以换行符结尾。

```
print("Tom")
print()
print("Jerry")
print("Tom","&","Jerry")
```

运行结果如下所示。

```
Tom

Jerry
Tom & Jerry
```

2. sep 参数

当 print()函数输出多项数据时，默认各项之间以空格分隔，但可以使用 sep 参数设定输出的多项数据之间的分隔符。例如：

```
1    print(1,2,3)
2    print(1,2,3,sep="和")
```

输出两行，第 1 行省略了 sep，输出的 3 个数据项之间用空格相隔；第 2 行 sep="和"，设定了输出的三项数据之间以“和”分隔，输出结果如下所示。

```
1 2 3
1 和 2 和 3
```

3. end 参数

end 参数的值设定 print()函数的结束字符串，省略 end 参数时，默认以换行符“\n”为结束字符。例如：

```
1       print(1,2,3)
2       print(1,2,3,sep=",",end="**")
3       print(4,5,6)
```

程序的第 1 行省略了 end，以换行符结束，因此在输出数据 3 之后换行。程序的第 2 行添加参数 end="**"，即输出数据 3 之后以“**”结尾，不换行。因此，程序第 3 行的输出结果与程序第 2 行的输出结果在同一行。

输出结果如下所示。

```
1 2 3
1,2,3**4 5 6
```

print()函数还可以和 format()函数配合使用，按照用户需要实现格式化输出，本章 2.8 节将详细介绍格式化输出。

2.2　标识符

例 2-1 中的 weight、height、BMI 都是变量，在 Python 语言中，除了变量对象，还有模块、类、函数等对象。它们通常有名称，名称必须是有效的标识符。

2.2.1　标识符

标识符是程序中使用到的各种对象的名字。例如，例 2-1 中的 weight、height、eval、input、print 都是标识符。其中，weight、height 是程序员自定义的标识符；eval、input、print 是 Python 预先定义好的、有确切含义的标识符，即 Python 预定义标识符。标识符必须遵循以下的命名规则。

（1）标识符以字母、汉字、下画线（_）、数字字符组成，不能出现空格字符。

（2）标识符必须由字母、汉字、下画线为首字符，不能以数字为首字符。

（3）标识符的长度不受限制。

（4）程序员自定义的标识符不能和 Python 保留字重名（详见本章 2.2.2 节）。

（5）程序员自定义标识符应避免与 Python 预定义的标识符重名。

例如，“weight”“数量 a”“a_float”“_abc”“if3”都是合法的自定义标识符；但“2abc”“ab-5ab”“if”“w　5w”都是非法的自定义标识符。因为“2abc”以数字 2 开头了；“ab-5ab”中的短横是非法字符；“if”与 Python 中的保留字重名了；“w　5w”中有非法字符空格。

Python 语言包含许多预定义内置类、异常、函数等，如 float、print 等。程序员应避免使用 Python 预定义的标识符作为自定义标识符。

使用 Python 的内置函数 dir(__builtins__)，可以查看所有内置的异常名、函数名等。

在定义标识符时，还需要注意如下 3 点。

（1）Python 标识符区分大小写，“ABC”和“abc”是不同的标识符，“if”和“IF”也是不同的标识符。

（2）“__init__”“_dog”这种以双下画线或者单下画线开头的标识符通常与类的相关特性有关，对解释器有特殊含义，一般避免使用。

（3）避免数字“0”“1”和字母“o”“l”这样容易混淆的符号出现在标识符中。

2.2.2 Python 保留字

Python 保留字，也叫作关键字，它们已经被赋予了特殊的语法含义。各保留字的使用将在后续章节陆续介绍。使用 Python 帮助系统可以查看保留字。

Python 的保留字如表 2-2 所示。

表 2-2 Python 中的保留字

保 留 字					
and	as	assert	break	class	continue
def	del	elif	else	except	finally
for	from	False	global	if	import
in	is	lambda	nonlocal	not	None
or	pass	raise	return	try	True
while	with	yield			

2.3 变量和赋值语句

计算机程序所处理的数据必须先存入内存。机器语言和汇编语言可以直接通过内存地址访问这些数据，而高级语言则通过对内存单元命名，即变量，来访问这些存储在内存单元中的数据。

2.3.1 变量

变量的概念与代数中未知量的概念基本一致，即用一个符号命名需要访问的数据。变量在程序中，用一个合法的标识符表示。Python 是动态语言，变量的类型不固定，变量的类型和内存都是在运行时确定的。

Python 中，没有专门创建变量的语句，第 1 次对某个变量的赋值即变量创建，可以把任何类型的数据赋值给变量，变量的类型和值都随着赋给它的数据变化。因此，Python 中，变量的值和类型都可以改变。赋值语句语法格式如下：

```
变量名=表达式
```

其中，“=”为赋值号；“表达式”为由数据、变量和操作符等构成的可以运算的算式，如 7+9、x-8，也可以是一个常量或者变量。

赋值语句用于把一个变量绑定到某个对象。例如，使用名称 weight 表示体重，而体重是 100，则可以执行如下代码：

```
>>> weight=100
```

第 1 次执行这个赋值语句时，首先创建数据对象 100，并且把 100 赋值给变量 weight，也就是将变量 weight 与值 100 关联起来。给变量赋值后，就可以在表达式中使用变量。例如，在 weight=100 之后，再执行 weight*2，就会输出 200，因为程序访问变量 weight 时访问到的值是 100。

```
>>>weight*2
200
```

变量的“变”体现在，通过赋值语句可以改变变量所指向或引用的值，例如：

```
1    >>> x=5
2    >>> x=6
3    >>> y=2
4    >>> z=x+y
5    >>> print(z)
     8
```

上例中，第 1 行代码首先创建一个变量 x 和整数对象 5，然后绑定 x 和 5；第 2 行代码，x 又被赋值为 6，因此执行赋值语句 z=x+y 时，实际是把 6+2 即 8 赋值给 z。

Python 还可以执行如下代码，实现累加。

```
>>> x=1
>>> x=x+1
>>> print(x)
2
```

需要特别注意的是：当需要把变量放到赋值号右边时，此变量必须在此之前已通过赋值语句被创建。例如，执行下面的语句，将会出错。

```
>>> k=k+1
NameError: name 'k' is not defined
```

上述语句出错的原因在于，在赋值号的右边是 k+1，而在此之前没有创建 k，程序“不认识”k。可将程序修改为：

```
1    >>> k=0
2    >>> k=k+1
```

第 1 行使用赋值语句创建并初始化 k 为 0，第 2 行使用 k 做计算。当然，一个变量到底初始化为多少，取决于具体程序的功能，上述代码中可以把 k 初始化为任意数值数据。

2.3.2 链式赋值语句

链式赋值用于把同一个值或表达式赋予多个不同变量。链式赋值语句语法形式如下：

变量 1=变量 2=…=变量 n=表达式或变量

假设 a+b 是某个表达式，那么链式赋值语句为：

```
>>> x=y=z=a+b
```

上述链式赋值语句与下面 3 个赋值语句是等价的。

```
>>> x=a+b
>>> y=x
>>> z=x
```

但是，x = y = z = a+b 可能与下面 3 个赋值语句不等价（详见本章 2.9.2 节的 is）。

```
>>> x=a+b
>>> y=a+b
>>> z=a+b
```

2.3.3 同步赋值语句

同步赋值用于把不同的值同时赋予多个不同的变量。同步赋值语句语法形式如下：

变量 1，…，变量 n=表达式 1，…，表达式 n

同步赋值并非等同于简单地将多个单一赋值语句进行组合。因为 Python 在处理同步赋值语句时，首先运算右侧的 n 个表达式，然后同时将右侧表达式的结果赋值给左侧的 n 个变量，因此它可以优雅地实现两个变量值的互换。

【例 2-2】 编程实现 x 和 y 值的互换。

【参考代码】

ex2-2a.py

```
x=7
y=8
t=x
x=y
y=t
print("x 是：",x)
print("y 是：",y)
```

【运行结果 a】

```
x 是： 8
y 是： 7
```

【参考代码】

ex2-2b.py

```
x=7
y=8
x,y=y,x
```

```
print("x是: ",x)
print("y是: ",y)
```

【运行结果 b】

```
x是: 8
y是: 7
```

【解析】

参考代码 ex2-2a 使用单一赋值语句，实现 x 和 y 的交换。前两行是对 x、y 的初始化赋值。第 3 行引入中间变量 t，作用是把 x 的初始值保存好。因为第 4 行的赋值会修改 x 的值，但是后面还需要把 x 的初始值赋给 y，所以要在第 3 行先把 x 的初始值保存到 t 中。第 5 行把 t 赋值给 y，实际上就把 x 的初始值赋值给了 y。参考代码 ex2-2a 用 3 行程序实现了 x 和 y 的互换。参考代码 ex2-2b 使用同步赋值语句，仅一行程序就实现了 x 和 y 值的互换。

2.4　常量

程序中除了需要变量，还需要常量。常量指不能或不需要变化的量。

【例 2-3】 输入圆的半径，计算并输出圆的面积和周长。

【参考代码】

ex2-3a.py

```
r=eval(input("请输入圆的半径 r: "))
s=3.14*r*r
c=2*3.14*r
print("圆的面积是:",s)
print("圆的周长是:",c)
```

【运行结果 a】

```
请输入圆的半径 r: 4
圆的面积是: 50.24
圆的周长是: 25.12
```

【参考代码】

ex2-3b.py

```
PI=3.14
r= eval(input("请输入圆的半径 r: "))
s=PI*r*r
c=2*PI*r
print("圆的面积是:",s)
print("圆的周长是:",c)
```

【运行结果 b】

```
请输入圆的半径 r: 4
圆的面积是: 50.24
圆的周长是: 25.12
```

【解析】

在求圆的面积和周长时，需要用到常量圆周率，参考代码 ex2-3a 直接使用数据常量 3.14。

事实上，程序设计中，常常用到常量。

常量指永远不能或不需要变化的量。例 2-3 中用到的圆周率（π）是一个数学上约定好的不会改变的符号常量。如果在程序中需要经常使用圆周率，而又不希望总是输入 3.14，就可以定义一个符号常量指向 3.14。例如，参考代码 ex2-3b 的第 1 行，定义了 PI 指向 3.14。

需要注意的是，Python 语言中没有定义符号常量的语法，当程序中需要符号常量时，只能使用赋值语句绑定符号常量和它代表的值，但在 Python 解释器看来，这里所谓的“常量”仍然是“变量”，只是 Python 程序员自己互相约定使用全大写字母定义的“变量”表示“符号常量”，在后面的程序中，程序员不再修改它们的值。

常量的意义在于以下 3 点。

（1）如果需要多次使用某个固定的量（如圆周率），就不需要重复输入同一个值，如多次输入 3.14。

（2）如果需要修改某个常量（例如，把 PI 的精度从 3.14 修改为 3.14159），只需要修改初始化常量的那一行赋值语句，而不需要把程序中所有用到此常量的语句都修改一遍。

（3）符号常量可以增强程序的可读性。

2.5 数值数据类型

计算机的作用是通过对数据的处理来解决实际问题。高级程序设计语言中，数据是分类的。不同数据类型的数据，采用不同的存储方式和运算方式。

数字是自然界记数活动的抽象表示，更是数学运算和推理表示的基础。表示数字或数值的数据类型称为数值数据类型。Python 提供了 3 种数值数据类型：整型、浮点型和复数型，分别对应数学中的整数、实数和复数。

2.5.1 整型

Python 中的整型（int）数据与数学上的整数概念一致。其他计算机语言通常对整数有精度限制，但 Python 的整型数据可以为任意长度，即整型数据的范围理论上没有限制。整型数据实际的取值范围只受限于运行 Python 程序的计算机内存大小。

整型常数有四种表示方法：二进制、八进制、十进制和十六进制。默认情况下，为十进制数，其他进制需要使用引导符。引导符由“0”（数字零）加一个字母组成，大小写字母意义相同。其中，二进制的引导符是“0b”或者“0B”；八进制的引导符是“0o”或者“0O”；十六进制的引导符是“0x”或者“0X”。

例如，56 是十进制数；0b1011 和−0b1011 是二进制数；0o101 和 0O111 是八进制数；0xab 和 0X5D 是十六进制数。如果是负数，负数的符号放在引导符之前。

【例 2-4】在程序中打印输出 56、0b1011、−0b1011、0o101、0xab 和 0x5D。

【参考代码】

ex2-4.py

```
print(56)
print(0b1011)
print(-0b1011)
print(0o101)
print(0xab)
print(0x5D)
```

【运行结果】

```
56
11
-11
65
171
93
```

【解析】

例 2-4 中，需要输出的数据都是整数，Python 根据其引导符把它们解释成不同进制的数据，并以其十进制形式输出。

2.5.2 浮点型

浮点型（float）数据表示数学中的实数。对应于其他计算机程序设计语言的双精度（double）和单精度（single）。Python 浮点型数据的精度与计算机系统相关。

从形式上看，整型数据和浮点型数据的区别在于是否有小数点。例如，1 是整型，但是 1.0 就是浮点型。从计算机系统对这两种数据类型的处理来看，这两种数据类型在计算机中的编码方式、存储方式、运算处理方式都不相同。在程序中，根据实际需要选择合适的数据类型使用。

浮点型常数有两种表示方法，十进制和科学记数法。例如，78.67、5.、.6、4.5e−2、5.8E2、−56e−100。

78.67、5.和.6 三个数是十进制表示的。注意：5.省略了小数部分；.6 省略了整数部分。但是，作为浮点型数据，小数点不能省略。例如，5.，如果省略了小数点，Python 会识别成整型数据 5。

4.5e−2 和 5.8E2 是采用科学记数法表示，科学记数法中，使用“e”或“E”表示 10 的若干次幂。例如：

$4.5e-2 = 4.5*10^{-2}$

$4.8e2=4.8*10^{2}$

$-56e-100=-5.6*10^{-99}$

【例 2-5】 在程序中打印输出 78.67、5.、.6、4.5e−2、5.8E2 和−56e−100。

【参考代码】

ex2-5.py

```
print(78.67)
print(5.)
print(.6)
print(4.5e-2)
```

```
print(5.8E2)
print(-56e-100)
```

【运行结果】

```
78.67
5.0
0.6
0.045
580.0
-5.6e-99
```

2.5.3 复数型

Python 中的复数型数据表示数学中的复数，表示为 x+yj 或 x+yJ，其中 x 和 y 都是浮点型数据。特别地，当虚部为“0.0j”时，数字“0.0”不可以省略。复数也可以看作是一对有序实数对(x,y)，函数 complex(x,y)可以把数对(x,y)转化为复数。对于复数 z，可以使用 z.real 和 z.imag 获得其实部和虚部。

【例 2-6】认识复数。

【参考代码】

ex2-6.py

```
z=complex(124,-12)
print(z)
print(z.real)
print(z.imag)
```

【运行结果】

```
(124-12j)
124.0
-12.0
```

【解析】

例 2-6 中的属性 real 和 imag 分别得到复数的实部和虚部。尽管程序中的实部和虚部看起来都用的是整型，但输出结果表明 Python 会以浮点型处理复数的实部和虚部。

2.6 数值数据的运算

Python 为数值数据类型提供了运算符、运算函数、类型转换函数等操作方法。用运算符和函数把数据连起来，就构成了表达式。表达式可以实现数据运算。

2.6.1 内置数值数据运算符和表达式

所有常见算术运算符的计算规则都与数学上的运算规则基本一致，规则如下。

（1）同等优先级从左到右运算。

（2）优先级高的先运算。

（3）圆括号()可以改变运算顺序。

表 2-3 内置数学运算符

运 算 符	描 述	示 例	结 果	优 先 级
**	幂运算	5**2	25	1
-	负号	-6	-6	2
*	乘法	4*5	20	3
/	除法（结果是浮点型）	6/2	3.0	3
%	模运算	7%2	1	3
//	整数除法，取不大于 x 与 y 之商的最大整数（向下取整）	7//2	3	3
		-7//2	-4	
+	加法	5+5	10	4
-	减法	7-8	-1	4

1. 模运算

x%y 的两个操作数 x 和 y 可以是整型，也可以是浮点型，但 y 不可以为 0。

当 x、y 为正整数时，%运算结果为 x 除以 y 的余数。其他情况，模运算的结果可由下面的公式求得

$$x \% y = x - n*y$$

其中，n 为不大于 x/y 的最大整数。

```
>>> 5%3
2
>>> 5%-3
-1
>>> -5%3
1
>>> -5.2%-3
-2.2
```

模运算在编程中十分常用。

本质上，整数的模运算 x%y（x 和 y 都是整数），其结果为 x 除以 y 的余数，它能够将整数 x 映射到[0,y-1]的闭区间。例如，判断数 x 是奇数还是偶数，可以计算 x%2 的值。其结果为 0，x 是偶数；结果为 1，x 是奇数。

又如，x%7 能够将整数 x 映射到[0,6]的闭区间，如果 x 是日期，则可以把 x%7 与星期对应（星期天为 x%7=0）。假设今天是星期一，七天以后肯定又是星期一。那么，如果今天之后的第 10 天有一个约会，约会的那天是星期几呢？可以用表达式（1+10）%7 求得，结果是 4，所以约会在星期四，如图 2-2 所示。

图 2-2 日历

2. 整除运算

整除运算 x//y，取不大于两数之商的最大整数（向下取整）。两个操作数可以是整型，也可以是浮点型，但 y 不可以为 0；如果 x 和 y 都是整型，运算结果为整型；如果 x 和 y 中有一个是浮点型，则运算结果为浮点型；两个操作数中有负数时，尤其要注意向下取整。例如：

```
>>> 5//3
1
>>> 5.0//3
1.0
>>> -5//3
-2
>>> 5//-3
-2
>>> -5//-3
1
```

注意： -5//3=-2，因为-5 除以 3 的结果为-1.666…，向下取整，即取不大于-1.666…的整数，所以结果为-2。

3. 数值运算表达式

用运算符把数值数据连起来，就构成了表达式，表达式实现了数据的运算。例如，3+5、3*5+6 等。

Python 中的数值运算与数学运算一样，也有优先级，各个数学运算符的优先级如表 2-3 所示。

Python 中也可以使用括号来改变运算顺序。不同的是，Python 中只能使用圆括号，括号必须配对，并且乘号不能省略。

例如，数学运算 $\frac{2\times 5}{3\times(6+7)}-8\times(a+bc)$ 的 Python 表达式为

$$(2*5)/(3*(6+7))-8*(a+b*c)$$

4. 运算结果的数据类型

不同类型的数值数据在一起运算时，结果的数据类型符合如下扩展关系：

整型→浮点数→复数

基于扩展关系，数据之间相互运算所得结果的数据类型遵循如下规则。

- 整数之间运算，如果数学意义上的结果是整数，结果是整型。
- 整数之间运算，如果数学意义上的结果是小数，结果是浮点型。
- 整数和浮点数运算，结果是浮点型。
- 整数或浮点数与复数运算，结果是复数型。

5. 增强赋值运算符

表 2-3 中，所有的二元数学操作符都有与之对应的增强赋值运算符。增强运算符是运算符后跟一个赋值号。例如，“+=”是“+”号的增强赋值运算符。又如，x+=2，它的含义是 x=x+2。

增强赋值运算符不仅可以简化程序代码，使程序精练，还可以提高程序的效率。Python 中的增强赋值运算符如表 2-4 所示。

表 2-4 增强赋值运算符

运 算 符	含 义	举 例	等 效 于
+=	加法赋值	x+=y	x=x+y
-=	减法赋值	x-=y	x=x-y
*=	乘法赋值	x*=y	x=x*y
/=	除法赋值	x/=y	x=x/y
//=	整除赋值	x//=y	x=x//y
%=	取模赋值	x%=y	x=x%y
**=	幂运算赋值	x**=y	x=x**y

2.6.2 内置数学运算函数

Python 提供了许多内置数学运算函数，其中 6 个与数值运算有关，如表 2-5 所示。

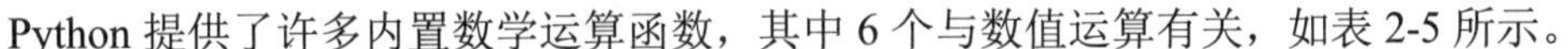

表 2-5 内置数学运算函数

函 数	描 述	例 题	结 果
abs(x)	返回绝对值（参数是实数）	abs(−5)	5
	返回复数的模（参数是复数）	abs(3+4j)	5.0
max(x1,x2,⋯, xn)	返回 x1，x2，⋯，xn 中的最大值，n 没有限制	max(4,5,6)	6
min(x1,x2,⋯, xn)	返回 x1，x2，⋯，xn 中的最小值，n 没有限制	min(4,5,6)	4
pow(x,y[,z])	返回(x**y)%z	pow(5,2,3)	1
	参数 z 可以省略，省略 z 时，返回 x**y	pow(5,2)	25
round(x[,n])	返回 x 的四舍五入值。n 表示四舍五入时保留的小数点位数，省略 n 时表示四舍五入到整数	round(3.14159,3)	3.142
		round(3.14159)	3
divmod(x,y)	返回二元组（x//y,x%y）	divmod(20,3)	(6,2)

1. pow(x,y[,z])函数

pow(x,y[,z])函数的第 3 个参数 z 是可选参数。如果省略 z，函数形式为 pow(x,y)，函数返回 x**y；如果不省略 z，函数形式为 pow(x,y,z)，函数返回(x**y)%z。

【例 2-7】 求 3 的 6^{1000} 次幂的最后四位。

【参考代码】

ex2-7a.py

```
x=pow(6,1000)
y=pow(3,x)
z=y%10000
print(z)
```

【运行结果】

```
普通计算机无法完成运算
```

【参考代码】

ex2-7b.py

```
z=pow(3,pow(6,1000)) %10000
print(z)
```

【运行结果】

```
普通计算机无法完成运算
```

ex2-7c.py

```
z=pow(3,pow(6,1000),10000)
print(z)
```

【运行结果】

```
9921
```

【解析】

参考代码 ex2-7a 和参考代码 ex2-7b 虽然形式上差别大，但本质上都是先做幂运算，再用幂运算的结果进行模运算。由于幂运算的结果数值巨大，例如，pow(6,1000)的结果是 779 位的十进制数，因此参考代码 ex2-7a 和参考代码 ex2-7b 在一般的计算机上无法完成。但是，参考代码 ex2-7c 在做幂运算的同时进行模运算，速度很快，可以在一般计算机上完成。

2. round(x[,n])函数

1）省略 n

round(x)四舍五入到整数。但当 x 的小数部分恰好为 0.5 时，舍入为最接近 x 的偶数。例如：

```
>>> round(3.6)
4
>>> round(3.2)
3
>>> round(3.5)
4
>>> round(2.5)
2
```

2）不省略 n

round(x,n)四舍五入到 n 位小数。例如：

```
>>> round(8.9112,3)
8.911
>>> round(8.9116,3)
8.912
```

2.6.3 内置数值类型转换函数

例 2-1 中，使用 eval()函数把字符串数据转换成数值数据。在程序中，经常碰到需要转换数据类型的情况。Python 提供了数据类型的转换函数，如表 2-6 所示。

表 2-6 内置类型转换函数

函　数	作　用
int(x[,y])	返回 x 的整型数据
eval()	返回字符串参数中的有效 Python 表达式的值
float(x)	返回 x 的浮点型数据，x 是数值类型或数值字符串
complex(x[,y])	返回以 x 为实部、y 为虚部的复数，省略 y，虚部为 0.0j
bin(x)	返回与整数 x 等值的二进制字符串
hex(x)	返回与整数 x 等值的十六进制字符串
oct(x)	返回与整数 x 等值的八进制字符串
chr(x)	返回以整数 x 为 ASCII 值的字符

1. int()函数

int(x[,y])的功能是返回 x 的整型数据，y 是可选参数。省略参数 y 时，函数形式为 int(x)。此时，x 可以是字符串型，也可以是浮点型，函数返回值是 x 的十进制整数。例如：

```
>>> int("10")
10
>>> int(3.2)
3
>>> int(5.9)
5
```

省略参数 y 时，如果 x 是字符串型，要求 x 必须是整数数字字符串，否则会出错。

```
>>> int("10.5")
ValueError: invalid literal for int() with base 10: '10.5'
>>> int("a")
ValueError: invalid literal for int() with base 10: 'a'
```

参数 y 不省略时，y 表示 x 的数制。此时，x 必须是整数数字字符串，函数返回 x 的十进制数据，否则会出错。例如：

```
>>> int("20",8)       #这里的"20"是八进制的 20
16                    #输出的是八进制 20 的十进制形式
>>> int("20",16)      #这里的"20"是十六进制的 20
32                    #输出的是十六进制 20 的十进制形式
>>> int("20.5",16)    #语法错误
ValueError: invalid literal for int() with base 16: '20.5'
```

2. bin()、oct()和 hex()函数

bin()、oct()和 hex() 3 个函数可以返回与参数等值的二进制、八进制和十六进制数据，返回值是字符串型。例如：

```
>>> bin(20)
'0b10100'
>>> oct(20)
'0o24'
```

```
>>> hex(20)
'0x14'
```

3. eval()函数

eval()函数返回字符串参数的表达式计算结果，例如：

```
>>> eval("5+6*2")
17
```

上述代码中，eval()函数把字符串"5+6*2"转变成表达式 5+6*2，并计算出结果。又如：

```
x,y=eval(input("请输入 x 和 y,中间用英文逗号相隔："))
print(x,y)
```

运行结果为：

```
请输入 x 和 y,中间用英文逗号相隔：5,6
5 6
```

上述代码中，用户输入字符串"5,6"，eval()函数把字符串"5,6"转变成 5,6，程序变成同步赋值语句 x,y=5,6。

4. chr()函数

chr()函数返回以正整数 x 为 ASCII 值的字符。注意：x 必须为正整数，否则会出错。例如：

```
>>> chr(97)
'a'
>>> chr(97.0)
TypeError: integer argument expected, got float
```

2.7 math 库

Python 除了有强大的语言核心外，还提供了许多工具。在 Python 中“开箱即用”（batteries included）指的就是 Python 有丰富的标准库。

大多数程序都涉及数学运算问题，Python 的 math 库提供了丰富的对浮点型数据的数学运算函数。

math 库提供了 4 个常量和 44 个函数。44 个函数分成 4 类，包括 16 个数值表示函数、8 个幂对数函数、16 个三角运算函数和 4 个高等特殊函数。因为复数型数据在一般的计算中不会出现，所以 math 库不支持复数，仅支持整型和浮点型数据。初学者只需要理解函数的功能，记住常用函数即可。在编程过程中，可以在需要使用 math 函数时查阅其相关功能。

2.7.1 math 库的导入

math 库中的函数不能直接使用，需要导入之后才能使用，常用的导入方法有如下 3 种。

1. import 库名

“import math”将导入 math 库中的所有函数。在程序中需要采用“math.函数名(参数)”的形式使用 math 库函数。例如，math 库中有一个求平方根的 sqrt()函数，其使用方法为：

```
>>> import math
>>> math.sqrt(4)
2.0
```

2. from 库名 import…

"from math import…"的形式既可以导入 math 库的所有函数，形式为"from math import *"，也可以仅导入需要的函数，形式为"from math import 函数 1,函数 2,…"，此时仅导入 import 之后列出来的函数。用 from 导入库函数时，在程序中采用"函数名()"的形式调用库函数即可。例如，math 库中有正弦函数 sin()和余弦函数 cos()，如果两个都需要用，就需要都导入，否则会出错。又如，下面的例题，因为没有导入 sin()函数，所以程序"不认识"sin()函数，故而出错。

```
>>> from math import sqrt,cos
>>> sqrt(4)
2.0
>>> cos(1)
0.5403023058681398
>>> sin(1)
NameError: name 'sin' is not defined
```

"from math import *"的形式为导入 math 库中的所有函数，例如：

```
>>> from math import *
>>> sqrt(4)
2.0
>>> sin(1)
0.8414709848078965
```

3. import 库名 as 别名

"import math as 别名"的形式导入 math 库中的所有函数，并为 math 起了个别名。如果采用这种方法导入库，调用库函数时用"别名.函数()"的形式，例如：

```
>>> import math as m
>>> m.sqrt(4)
2.0
>>> m.sin(1)
0.8414709848078965
```

2.7.2 math 库的函数

1. math 库常数

表 2-7 math 库常数

常　数	说　明	实　例
math.e	自然常数 e	>>> math.e 2.718281828459045

续表

常　数	说　明	实　例
math.pi	圆周率 pi	>>> math.pi 3.141592653589793
±math.inf	正负无穷大（±∞）	>>> math.inf inf
math.nan	非浮点数标记	>>> math.nan nan

2. math 库常用函数

表 2-8　math 常用函数

函　数	说　明	实　例
math.fabs(x)	返回 x 的绝对值，结果为浮点型数据	>>> math.fabs(-5) 5.0
math.fmod(x,y)	返回 x 除以 y 的余数，结果为浮点型数据	>>> math.fmod(7,5) 2.0

math.ceil(x)	向上取整，返回不小于 x 的最小整数	>>> math.ceil(-5.6)
		-5
		>>> math.ceil(5.6)
		6

math.floor(x)	向下取整，返回不大于 x 的最大整数	>>> math.floor(-5.6)
		-6
		>>> math.floor(5.6)
		5

math.pow(x,y)	返回 x 的 y 次幂	>>> math.pow(2,3) 8.0
math.exp(x)	返回 e 的 x 次幂	>>> math.exp(1) 2.718281828459045
math.sqrt(x)	返回 x 的平方根(x>=0)	>>> math.sqrt(9) 3.0
math.log(x)	返回 lnx	>>> math.log(math.e) 1.0
math.log2(x)	返回以 2 为底的 x 的对数值	>>> math.log2(16) 4.0
math.log10(x)	返回以 10 为底的 x 的对数值	>>> math.log10(1000) 3.0
math.degrees(x)	返回与 x 弧度值等值的角度值	>>> math.degrees(math.pi) 180.0
math.radians(x)	返回与 x 角度值等值的弧度值	>>> math.radians(180) 3.141592653589793
math.sin(x)	返回 x 的正弦函数值，x 是弧度值	>>> math.sin(math.pi) 1.2246467991473532e-16 （约等于 0）
math.cos(x)	返回 x 的余弦函数值，x 是弧度值	>>> math.cos(math.pi) -1.0
math.tan(x)	返回 x 的正切函数值，x 是弧度值	>>> math.tan(math.pi) -1.2246467991473532e-16 （约等于 0）

续表

函　数	说　明	实　例

math.gcd(a,b)	返回 a 和 b 的最大公约数（a、b 为整数）	>>> math.gcd(10,18)
		2
		>>> math.gcd(-5,10)
		5

math.factorial(x)	返回 x 的阶乘	>>> math.factorial(3) 6

2.7.3 math 库的应用

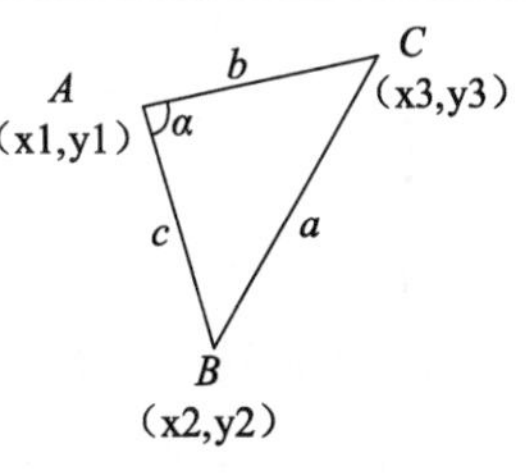

图 2-3 三角形内角 α

【例 2-8】 如图 2-3 所示，直角坐标系中，已知 *A*、*B*、*C* 三点的坐标分别为（1，6）、（2，2）、（5，7），以 *A*、*B*、*C* 为顶点构成三角形 ABC，三角形的边长分别用 *a*、*b*、*c* 表示，求角 *α* 的角度值和弧度值，结果保留一位小数。

【参考代码】

ex2-8.py

```
import math
x1,y1=1,6
x2,y2=2,2
x3,y3=5,7
a=math.sqrt(pow(x2-x3,2)+pow(y2-y3,2))
b=math.sqrt(pow(x1-x3,2)+pow(y1-y3,2))
c=math.sqrt(pow(x1-x2,2)+pow(y1-y2,2))
ra_alpha=math.acos((pow(b,2)+pow(c,2)-pow(a,2))/(2*b*c))
an_alpha=math.degrees(ra_alpha)
print("α的弧度值为：",round(ra_alpha,1))
print("α的角度值为：",round(an_alpha,1))
```

【运行结果】

```
α的弧度值为： 1.6
α的角度值为： 90.0
```

【解析】

由余弦定理可知 $\cos\alpha = (b^2+c^2-a^2)/(2bc)$。

2.8 格式化输出

格式化输出就是按照统一的规格输出数据。在格式化输出中，可以规格化输出数据的对齐方式、浮点型数据保留的小数位数等信息。

用 Python 提供的 format()函数可以按照规定的格式输出数据，其语法形式如下：

```
format(数据项,"格式化字符串")
```

【例 2-9】 请按下面 3 种格式输出浮点型数据 57.467657。

1）第 1 种格式要求

（1）整个数据占 10 位。

（2）保留两位小数。

（3）右对齐。

（4）若数据不足 10 位，前面补空格。

2）第 2 种格式要求

（1）整个数据占 10 位。

（2）保留两位小数。

（3）右对齐。

（4）若数据不足 10 位，前面补 0。

3）第 3 种格式要求

（1）整个数据占 10 位。

（2）保留两位小数。

（3）左对齐。

（4）若数据不足 10 位，后面补 0。

【参考代码】

ex2-9.py

```
print(format(57.467657, "10.2f"))      #第 1 种格式
print(format(57.467657, "010.2f"))     #第 2 种格式
print(format(57.467657, "0>10.2f"))    #第 2 种格式
print(format(57.467657, "0<10.2f"))    #第 3 种格式
```

【运行结果】

```
     57.47  （前面有 5 个空格）
0000057.47
0000057.47
57.4700000
```

【解析】

format(57.467657, "10.2f")函数中，第 1 个参数 57.467657 是输出的数据项，第 2 个参数 "10.2f "是格式化字符串，规定了输出格式。格式化字符串有确切的描述方法。

2.8.1 格式化字符串中的格式控制

格式化字符串由固定的格式控制符号描述，如表 2-9 所示。

表 2-9 格式控制符号

格式控制符号	意　义
：（冒号）	引导符
填充字符	用于填充的单个字符

续表

格式控制符号		意　　义
对齐方式	<	左对齐
	^	居中对齐
	>	右对齐
宽度		输出宽度
,		千分位分隔符
.		小数点，当类型为浮点型时使用
精度		浮点型数据的小数部分的精度或者字符串的最大输出长度
类型	整型	b,d,o,x,X
	浮点型	E,e,f,%
	字符串型	s

格式控制符的使用顺序如下（冒号引导符用在多项输出中）：

冒号引导符　填充　对齐方式　宽度　千分位　小数点　精度　类型

在书写格式化字符串时，只需要使用需要的格式限定符即可。

1. 格式化浮点型数据

如果数据项是浮点型数据，通过格式化字符串可以确定输出数据的宽度、精度、对齐方式以及是否有千分位分隔符。这里的宽度指整个数据输出后的字符个数，精度指的是小数点后保留的位数，用 f 指需要输出的数据是浮点型数据。例如（注意：下面例题中第 1 行输出的 10 个数字，是帮助读者明确数据输出时的位置关系）：

```
print(1234567890)
print(format(57.467657, "10.2f"))
print(format(123456789.923, "10,.2f"))
print(format(57.4, "10.2f"))
print(format(57, "10.2f"))
```

运行结果为：

```
1234567890
     57.47
123,456,789.92
     57.40
     57.00
```

函数 format(数据项, “10.2f”)的含义是把数据项格式化为一个 10 个字符长度的字符串，带小数点，且小数点算一位，小数点后有两位小数。数据项将会被四舍五入保留两位小数。因此，在小数点之前有七位数字，如果整个数据位数不满十位，在前面补空格；如果实际的数据多于 10 位，数据的位数自动延长到它的实际位数。例如，format(123456789.923, "10,.2f")会返回字符串 123,456,789.92，显然这个字符串的长度是 14，"10,.2f"中的逗号是千分位分隔符。

可以省略宽度参数。这种情况下，输出数据的宽度自动设置为实际数据需要的宽度。

上述例题中，格式化字符串"10,.2f "的含义如图 2-4 所示。

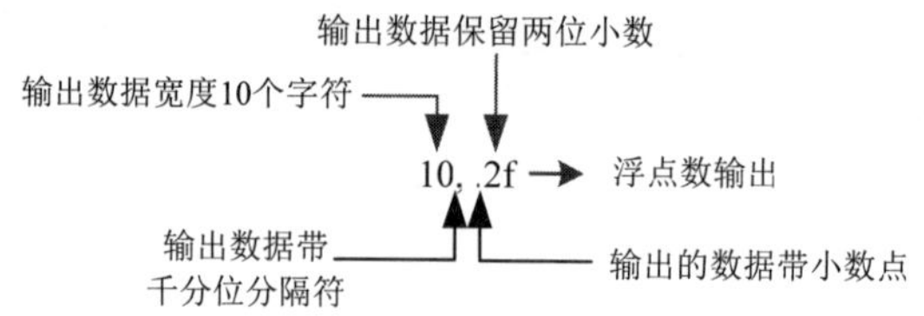

图 2-4　格式"10,.2f "的含义

2. 格式化为科学记数法

如果把格式化字符串里的 f 改成 e 或 E，则数据项将会被格式化为科学记数法的格式输出。注意：符号“+”和符号“-”在格式化字符中都各占一位。例如：

```
print(1234567890)
print(format(57.467657, "10.2e"))
print(format(0.0033923, "10.2E"))
print(format(57.4, "10.2e"))
print(format(57, "10.2E"))
```

运行结果为（注意运行结果前面都有 2 个空格）：

```
1234567890
  5.75e+01
  3.39E-03
  5.74e+01
  5.70E+01
```

3. 格式化为百分数

使用%可以把数据格式化输出为百分数，例如：

```
    print(1234567890)
1   print(format(0.53457, "10.2%"))
2   print(format(0.0033923, "10.2%"))
3   print(format(7.4, "10.2%"))
4   print(format(57, "10.2%"))
```

运行结果为（注意运行结果前面的空格个数）：

```
1234567890
    53.46%（前面有 4 个空格）
     0.34%
   740.00%
  5700.00%
```

第 1 行代码中的"10.2%"意思是，0.53457 乘以 100，然后以百分数的形式输出，整个数据的长度是 10 个字符，小数点后面保留两位数据，其中“%”占整个数据的一位。

4. 格式化对齐方式

默认情况下，格式化输出的数据右对齐，可以在格式化字符串中使用“<”指定数据为左对齐输出，“^”指定数据为居中对齐输出。例如：

```
print(1234567890)
print(format(57.467657, "10.2f"))
print(format(57.467657, ">10.2f"))
print(format(57.467657, "^10.2f"))
print(format(57.467657, "<10.2f"))
```

运行结果为：

```
1234567890
     57.47
     57.47
  57.47
57.47
```

5. 格式化整数

格式化符号“d”“x”“X”“o”“b”用来格式化输出整数的十进制、十六进制、八进制和二进制表示形式。其中，“x”和“X”的区别在于十六进制形式中出现的字母符号分别为小写和大写。可以在格式化输出中指定宽度和对齐的方式，例如：

```
print(1234567890)
print(format(59832, "10d"))
print(format(59832, "<10o"))
print(format(59832, "10x"))
print(format(59832, "<10X"))
print(format(22, "<10b"))
```

运行结果为：

```
1234567890
     59832
164670
      e9b8
E9B8
10110
```

6. 格式化字符串

```
print(format("Welcome to Python", "20s"))
print(format("Welcome to Python", "<20s"))
print(format("Welcome to Python", ">20s"))
print(format("Welcome to Python and Java", ">20s"))
```

运行结果为：

```
Welcome to Python
Welcome to Python
   Welcome to Python
Welcome to Python and Java
```

format("Welcome to Python", "20s")中的 s 代表输出的是字符串，20 代表宽度，“<”和“>”代表对齐方式。

7. 格式化输出举例

【例 2-10】format()函数的用法如表 2-10 所示。

表 2-10 format()函数的用法

举 例	打 印 结 果	含 义
print(format(3.1415926,".2f"))	3.14	保留小数点后两位
print(format(3.1415926,"+.2f"))	+3.14	带符号保留小数点后两位
print(format(-1,"+.2f"))	−1.00	带符号保留小数点后两位
print(format(2.71828,".0f"))	3	不带小数
print(format(5,"0>2d"))	05	宽度为 2，不足 2 位时用字符“0”填充左边的空缺
print(format(5,"x<4d"))	5xxx	宽度为 4，不足 4 位时用字符“x”填充右边的空缺
print(format(20000000,","))	20,000,000	加千位分隔符
print(format(0.25,".2%"))	25.00%	百分比格式，且保留两位小数
print(format(20000000,".2e"))	2.00e+07	科学记数法，且保留两位小数
print(format(1216,"*>6d"))	**1216	宽度为 6，右对齐，不足 6 位时用“*”填充
print(format(1216,"*<6d"))	1216**	宽度为 6，左对齐，不足 6 位时用“*”填充
print(format(1216,"*^6d"))	*1216*	宽度为 6，居中对齐，不足 6 位时用“*”填充

2.8.2 format()函数输出多项

format()函数可以一次输出多项，其语法形式为：

“数据模板字符串”.format(数据项 1,数据项 2,…,数据项 n)

format(数据项 1,数据项 2,…,数据项 n)中的数据项是需要输出的多项数据；“数据模板字符串”决定输出的格式，它由若干花括号表示的槽和输出字符串组成。花括号表示的槽用来控制 format()函数里数据项在“数据模板字符串”中的嵌入位置。例如：

```
1    print("{}喜欢{}".format("Tom", "Jerry"))
2    print("{0}喜欢{1}".format("Tom", "Jerry"))
3    print("{1}喜欢{0}".format("Tom", "Jerry"))
4    print("{1}喜欢{1}".format("Tom", "Jerry"))
```

运行结果为：

```
Tom 喜欢 Jerry
Tom 喜欢 Jerry
Jerry 喜欢 Tom
Jerry 喜欢 Jerry
```

【解析】

（1）format("Tom","Jerry")中的"Tom"和"Jerry"是需要输出的数据项，数据项根据其先后顺序编序号，数据项"Tom"的序列号是 0，数据项"Jerry"的序列号是 1，如果后面还有数据项，将依次排列。

（2）"{}喜欢{}"是输出数据的模板字符串，{}是槽，槽的位置和里面的数字确定数据项"Tom"和"Jerry"在模板字符串中的位置。

（3）第 1 行代码的{}里面没有序号，就按照 format("Tom", "Jerry")中数据项的顺序输出，如图 2-5（a）所示。

（4）后面四行代码，{}里的数字指定这个槽里输出的数据项的序号，如图 2-5（b）、图 2-5（c）、图 2-5（d）所示。

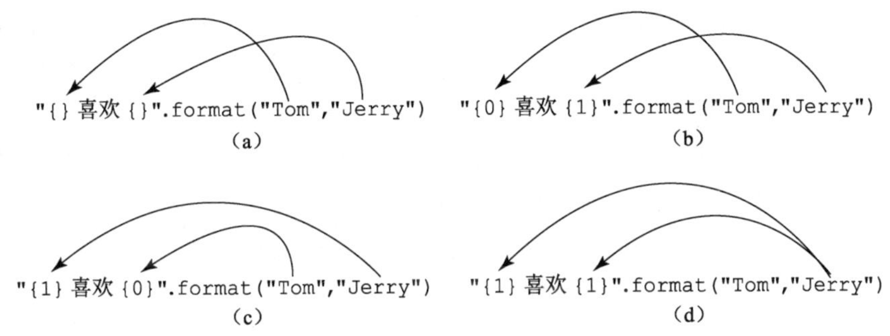

图 2-5　format()函数的多项输出

槽（{}）不仅可以用项目序号确定输出数据项，还可以对要输出数据的格式进行规定，语法格式如下：

```
"数据模板字符串{数据项序号:格式化字符串}".format(数据项 1,数据项 2,…,数据项 n)
```

槽（{}）中“格式化字符串”的写法和 2.8.1 节介绍的一致，冒号是引导符，是数据项序号与格式化字符串之间的分隔符。如果省略数据项序号，只写格式化字符串，冒号仍然不可以省略。例如：

```
>>> "{1}{2}{0:.2f}".format(3.1415926,"我知道","圆周率是")
我知道圆周率是 3.14
>>> "{}{:.2f}{}".format("圆周率是",3.1415926,"我知道",)
圆周率是 3.14 我知道
```

【解析】

第 1 行代码"{1}{2}{0:.2f}".format(3.1415926,"我知道","圆周率是")的第 1 个{}和第 2 个{}只规定了输出的数据项序号，第 3 个{0:.2f}表示这个位置输出第 0 项数据，并以保留两位数的浮点形式输出。第 2 行代码"{}{:.2f}{}".format("圆周率是",3.1415926,"我知道",)，省略数据项序号，则按照 format()函数中的参数顺序输出，但第 2 个槽有格式化字符串，冒号不可以省。

2.9　Python 语言的特点

前面介绍了 Python 语言的基本知识，本节介绍 Python 语言的特点。

2.9.1　Python 语言是动态类型语言

Python 语言属于动态类型语言。Python 不需要显式声明变量类型，在运行时，根据变量的赋值，Python 解释器自动确定其数据类型和内存。例如：

```
>>> x=500
>>> y=500.5
```

赋值语句 x=500 确定了 x 是整型，x 的类型由赋值的 500 决定，不需要显式说明 x 是整型。同样地，虽然没有明确定义，但 y 是浮点型数据。

Python 中，每个对象被创建时，会获得一个 id 标志，它是由 Python 自动赋予对象的唯一整数标识，可以认为是对象所在内存空间的编号或地址。在程序运行期间，一个对象的 id 是不变的。但是，每次运行程序时，Python 可以给同一个对象赋予不同的 id。

每个对象被创建时，除了获得 id 标志，还会为其创建一个引用计数器，标记此对象被多少变量引用。当引用计数器变为 0 时，通常该对象将被系统回收，释放内存空间。

可以使用 id()函数获得一个对象的 id 信息，可以使用 type()函数获得一个对象的类型信息。

【例 2-11】 id()函数和 type()函数的使用。

【参考代码】

ex2-11.py

```
1    a=105
2    b=a
3    c=a
4    print("{:<8s}{:^15s}{:^10s}".format("对象","id","type"))
5    print("{:8s}{:15d}{:^15s}".format("常量 105:",id(105),str(type(105))))
6    print("{:8s}{:15d}{:^15s}".format("变量 a:",id(a),str(type(a))))
7    print("{:8s}{:15d}{:^15s}".format("变量 b:",id(b),str(type(b))))
8    print("{:8s}{:15d}{:^15s}".format("变量 c:",id(c),str(type(c))))
9    a=9.0
10   print("{:8s}{:15d}{:15s}".format("常量 9.0:",id(9.0),str(type(9.0))))
11   print("{:8s}{:15d}{:^15s}".format("变量 a:",id(a),str(type(a))))
```

【运行结果】

```
对象         id          type
常量 105:      1830535488 <class 'int'>
变量 a:        1830535488 <class 'int'>
变量 b:        1830535488 <class 'int'>
变量 c:        1830535488 <class 'int'>
常量 9.0:   2549339921000 <class 'float'>
变量 a:     2549339921000 <class 'float'>
```

【解析】

程序的第 1 行，首先在内存创建整型数据对象 105。一旦该数据被创建，系统将自动分配 id 号 1830535488，并伴随引用数量、类型等信息，然后创建变量对象 a，赋值语句把变量 a 和 105 绑定，就像把变量 a 作为“门牌号”贴在了 1830535488 这个内存空间上。此时，105 的引用数量为 1，如图 2-6（a）所示。

运行程序的第 2 行，得 b=105，因为 105 在内存中已经存在了，所以不用创建新的 105 对象了，仍然用第 1 行程序创建的 105 对象，赋值语句为 1830535488 这个内存空间又贴了一个门牌号 b。此时，105 的引用数量变为 2，如图 2-6（b）所示。

程序的第 3 行，赋值语句 c=a，让变量 c 指向变量 a，相当于为 1830535488 这个内存空间又贴了一个门牌号 c。此时，105 的引用数量变为 3，如图 2-6（c）所示。

程序运行第 4～8 行，打印当前各个变量的 id 和类型。

程序运行第 9 行，执行 a=9.0。首先在内存创建浮点型数据 9.0，id 号是 2549339921000；然后赋值语句 a=9.0 把变量 a 和 9.0 绑定，同时 a 与 105 解除绑定。此时，105 的引用数量变为 2。这时，程序中各对象的相互关系如图 2-6（d）所示。

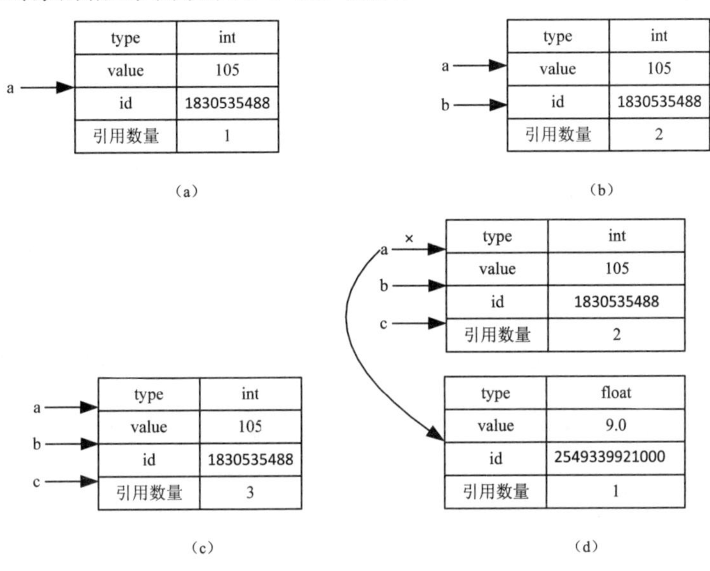

图 2-6　变量、内存空间与数据之间的关系

例 2-11 表明，Python 变量仅是指向某对象的引用，只是“门牌号”，所以变量可以不限定类型，一个变量可以指向任何类型的对象。通过标识符和赋值符号可以指定某个变量指向某个对象，即引用该对象。多个变量可以引用同一个对象，如果一个对象不再被任何有效作用域中的变量引用，即其引用数量为 0，此时会通过自动垃圾回收机制，回收该对象占用的内存。一个变量同一时刻只能引用一个对象，但一个对象可以同时被多个变量引用。

2.9.2　对象的值比较（==）和引用判断（is）

通过等号（==）运算符和不等号（!=）运算符可以判断两个变量的值是否相同；通过 is 运算符和 is not 运算符可以判断两个变量是否指向同一个对象。即 is 运算符比较两个条件：对象的值和内存地址是否都相同；==运算符只比较一个条件：对象的值是否相同。

【例 2-12】对象的比较运算。

【参考代码】

ex2-12a.py

```
a=10000
b=9999
c=b+1
print(id(a))
print(id(c))
print(a==c)
print(a!=c)
print(a is c)
print(a is not c)
```

【运行结果】

```
2231559930128
2231559930160
True
False
False
True
```

【解析】

a 和 c 的值都是 10000，因此 a==c 是真的。但是，因为 a 和 c 的 id 不同，所以 a is c 是假的。

注意：因为 Python 对不同取值范围整数的处理机制不同，当具体运算数值不同时，该例题的结果有不确定性。

【参考代码】

ex2-12b.py

```
a=2
b=1
c=b+1
print(id(a))
print(id(c))
print(a==c)
print(a!=c)
print(a is c)
print(a is not c)
```

【运行结果】

```
1452586080
1452586080
True
False
True
False
```

Python 对整型数据的处理机制，本书不做过多的介绍。该例题的目的是请读者了解：值相同的两个变量，并不一定指向同一个数据对象，理解==运算符和 is 运算符的不同。

2.9.3 Python 是强类型语言

Python 是强类型语言，即每个变量指向的对象均属于某个数据类型，并且只支持该类型允许的操作运算。

【例 2-13】 x=5，y="5"，计算 x+y。

【参考代码】

ex2-13a.py

```
x=5
y="5"
print(x+y)
```

【运行结果】

```
TypeError: unsupported operand type(s) for +: 'int' and 'str'
```

【参考代码】

ex2-13b.py

```
x=5
y="5"
print(x+int(y))
```

【运行结果】

```
10
```

【解析】

参考代码 ex2-13a 中，因为 x 是整型数据，而 y 是字符串型数据，字符串型数据不能和整型数据直接做加法运算，所以会出错。如果确实需要 x 和 y 做加法运算，需要使用类型转换函数 int()、float()或者 eval()，把字符串型数据 y 转换成整型数据，参考代码 ex2-13b 所示。

2.10　本章小结

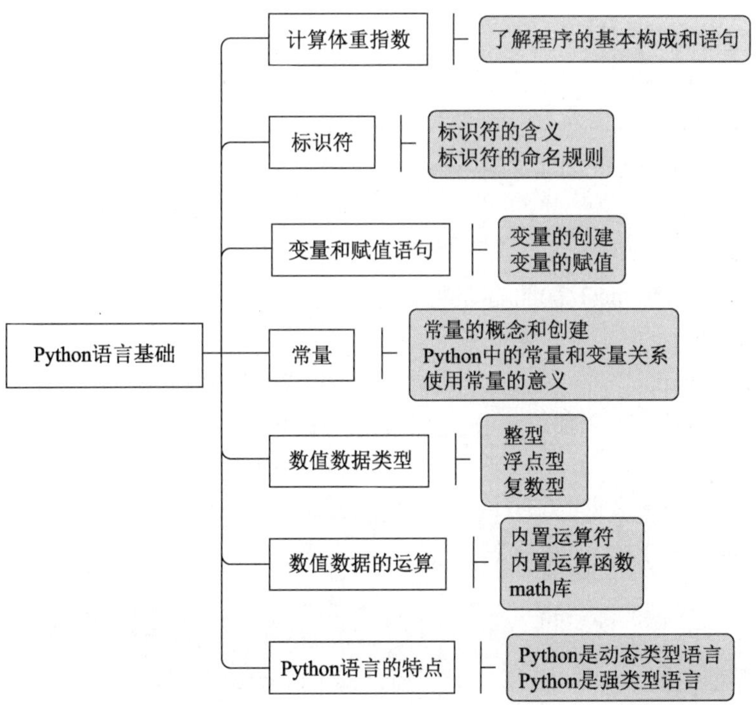

课后习题

一、选择题

1. 下列变量名都正确的是________。

A. pi　　it’s　　python

B. Student_num　　ab c　　tRUE

C. Stu-num　　strc　　IF

D. ab　　_while　　num_3

2. 下列 Python 语句的输出结果是________。

```
>>> x='car'
>>> y=2
>>> print(x+y)
```

A. 语法错误　　B. 2　　C. 'car2'　　D. 'carcar'

3. Python 表达式 math.sqrt(4)*math.sqrt(9)的值为________。

A. 36.0　　B. 6　　C. 13.0　　D. 6.0

4. 下列 Python 语句的输出结果是________。

```
>>> a=121+1.21
>>> print(type(a))
```

A. ＜class 'int'＞　　B. ＜class 'number'＞

C. ＜class 'float'＞　　D. ＜class 'long'＞

5. Python 语句 print(type(1//2))的输出结果是________。

A. ＜class 'int'＞　　B. ＜class 'number' ＞

C. ＜class 'double'＞　　D. ＜class 'float'＞

6. Python 语句 print(type(1/2))的输出结果是________。

A. ＜class 'int'＞　　B. ＜class 'number' ＞

C. ＜class 'double'＞　　D. ＜class 'float'＞

7. Python 表达式中，可以使用________控制运算的优先顺序。

A. 方括号[ ]　　B. 花括号{ }

C. 圆括号( )　　D. 尖括号＜ ＞

8. 下列 Python 语句中，非法的是________。

A. x=y=1　　B. x=(y=1)

C. x=1　　D. x,y=1,1

9. 为了给整型变量 *x*、*y*、*z* 赋值为 5，下面正确的 Python 赋值语句是________。

A. x,y,z=5,5,5　　B. xyz=5

C. x,y,z=5　　D. x=5,y=5,z=5

10. 下列语句执行后，变量 *x* 的值是________。

```
>>> x=2
```

```
>>> y=3
>>> x*=y+5
```

A. 11　　B. 16　　C. 13　　D. 26

11. 下列语句执行后，变量 *x* 的值是________。

```
>>> x=20
>>> y=5
>>> x-=y+5*2
```

A. -5　　B. 0　　C. 25　　D. 5

12. Python 语句 print(0xA+0xB)的输出结果是________。

A. 0xA+0xB　　B. A+B　　C. 0xA0xB　　D. 21

13. 下列属于 math 库中的数学函数的是_______。

A. time()　　B. round()　　C. sqrt()　　D. random()

14. 语句 print(eval('2+4/5'))执行后的输出结果是________。

A. 2.8　　B. 2　　C. 2+4/5　　D. '2+4/5'

15. 下列表达式中，值不是 1 的是________。

A. 4//3　　B. 15%2　　C. 1**0　　D. pow(-1,1)

二、填空题

1. 假设 *a*=7，写出下面表达式运算后 a 的值。

序　号	赋 值 语 句	a
(1)	a+=a	
(2)	a-=23	
(3)	a*=2+3	
(4)	a/=2+3	
(5)	a%=a-a%4	
(6)	a/=a-3	

2. 假设 *a* = 6、*b* = −5、*c* = −2，计算下列表达式的值。

序　号	表 达 式	表达式的值
(1)	a*2**5/b	
(2)	a*3%2	
(3)	b**2-4*a*c	
(4)	a%3+b*b-c//5	
(5)	2**3**-c	
(6)	17.0//a*2	

3. 计算下列表达式的值。

序　号	表　达　式	表达式的值
（1）	abs(3+4j)	
（2）	round(3.7)	
（3）	round(18.67,1)	
（4）	round(18.5)	
（5）	pow(-3,2)	
（6）	int('20',16)	
（7）	int('101',2)	
（8）	hex(16)	
（9）	bin(10)	

4. 计算下列语句的输出结果。

序　号	表　达　式	表达式的值
（1）	print(format(2.71828182,"3.2f"))	
（2）	print(format(2.71828182,"+.2%"))	
（3）	print(format(2.71828182,".0f"))	
（4）	print(format(-100,"+.2f"))	
（5）	print(format(20,"*>3d"))	
（6）	print(format(20,"#<4d"))	
（7）	print(format(371725652,","))	
（8）	print(format(371725652,".2e"))	
（9）	print(format(358,"0^10d"))	

5. print("{}年末,我国人口为{:,}万人".format(2019,140005))，打印结果为_______。

6. print("19 与 18 年比,人口净增{1:d}万,自然增长率为{0:.3%}".format(0.0033,467))，打印结果为_______。

7. print(math.fabs(-6)+math.ceil(3.8))，打印结果为_______。

8. print(math.fmod(27,3))，打印结果为_______。

9. print(math.ceil(-8.6)+math.ceil(-8.3))，打印结果为_______。

10. print(math.ceil(5.6))，打印结果为_______。

11. print(math.log(math.e)+math.sqrt(9))，打印结果为_______。

12. print(math.floor(7.8)+math.floor(-7.8)+math.floor(-7.2))，打印结果为_______。

13. Python 标准库 math 中用来计算平方根的函数是_______。

14. 查看变量类型的 Python 内置函数是_______，查看变量内存地址的 Python 内置函数是_______。

15. 已知 *x*=3，并且 id(x)的返回值为 496103280，那么执行语句 x+=6 之后，表达式

id(x)==496103280 的值为________。

16. 数学表达式 $\frac{\sin a+\sin b}{a+b}$ 对应的 Python 表达式为（a 和 b 是弧度）________。

17. 数学表达式 $\frac{1}{3}\sqrt[3]{a^3+b^3+c^3}$ 对应的 Python 表达式为________。

18. 数学表达式 $\sin 15^\circ+\frac{x^2}{\sqrt[3]{x^2+5}}+\ln(5x)$ 对应的 Python 表达式为________。

19. 设 a=2，判断下面各语句运行结果，如果出错，阐述错误原因。

（1）a=b=c=d=1

（2）b=a=a+1

（3）b=(a=1+3)

（4）0=a*0

（5）a*1=a

20. 阅读下列程序并写出程序的输出结果________。

```
a=6
b=a
a=a+1
b=b+a
c=a+b
print(a,b,c)
```

三、编程题

1. 编写程序，输入正方形的边长，求正方形的周长和面积。

2. 编写程序，输入 a 和 b（弧度），求表达式 $\sqrt[3]{\frac{a+8\times 6}{\sin b}}$ 的值，结果保留两位小数。

3. 编写程序，输入华氏温度，输出相应的摄氏温度。结果保留两位小数。

提示：摄氏度=$\frac{(\text{华氏度}-32)\times 5}{9}$

4. 编写程序，输入圆柱体底面半径 r 和圆柱体高 h，求圆柱体表面积 S 和体积 V，结果保留两位小数（程序中使用 math 库中的常数 math.pi）。

第 3 章 Python 控制结构

学习目标

- 掌握布尔型数据
- 掌握关系运算、逻辑运算和混合运算
- 掌握 random 库常用函数
- 掌握选择结构
- 掌握循环结构
- 掌握常用异常的处理方法
- 掌握常用算法

有时，用很少的步骤就可以实现简单的程序。例如，计算圆的周长和面积，只需要按照“输入半径→计算周长→计算面积→输出结果”的步骤，顺序执行就可以了。程序按照出现的先后顺序，依次执行，这样的程序结构称为顺序结构。

试想，如果在计算圆的周长和面积时，用户不小心把半径输入为负数了，程序就不应该继续运行了。也就是说，在 r>0 与 r≤0 时，执行的程序块应该不一样，这就需要选择结构，也叫分支结构。如果程序允许用户多次输入半径，计算不同半径的圆的面积和周长，程序就需要循环结构。

本章主要介绍 Python 的选择结构和循环结构。

无论是选择结构还是循环结构，都需要条件表达式。最常见的条件表达式是关系表达式和逻辑表达式。本章把关系运算和逻辑运算以及它们涉及的知识穿插在控制结构中。

3.1 条件表达式

选择结构和循环结构，都需要有对应的条件。

在例 2-3 中，已知圆的半径求圆的面积和周长。程序运行期间，如果输入半径为负数，程序会输出负的周长，这显然是错误的。因此，程序需要在做运算之前先判断输入半径是否大于或等于 0，只有输入半径大于或等于 0，程序才进行计算并输出结果。

【例 3-1】输入圆的半径，如果半径大于或等于 0，则求圆的周长和面积，并输出结果。

【参考代码】

ex3-1.py

```
1    import math
2    r = eval(input("请输入圆的半径 r: "))
3    if r >= 0:
4        s = math.pi * r * r
5        c = 2 * math.pi * r
6        print("{}{:.2f}".format("圆的面积是:",s))
7        print("{}{:.2f}".format("圆的周长是:",c))
```

【运行结果】

```
请输入圆的半径 r: 5
圆的面积是:78.54
圆的周长是:31.42
```

【解析】

程序的第 4～7 行是 if 语句的条件 r>=0 成立时执行的语句。

如例 3-1 所示，选择结构根据条件执行代码。即根据条件的真假，选择相应的程序块执行。其中的条件即“条件表达式”。条件表达式可以是常量、变量或者数值运算表达式，但常用的是关系表达式和逻辑表达式。本节先介绍关系运算以及关系表达式的结果布尔型数据，再介绍 Python 对条件表达式的处理方式。

3.1.1　关系运算符

例 3-1 中的 if 语句，r>=0 是关系表达式，用于判断 r 与 0 的大小关系，关系表达式计算的结果是真或者假。

在程序中，常常需要比较两个数的大小关系。Python 提供了 6 个关系运算符，如表 3-1 所示。这些运算符可以用来比较两个可比数据的大小，各关系运算符的优先级相同。

表 3-1　关系运算符

Python 运算符	数学运算符	名　称	举　例	结　果
<	$<$	小于	5<0	False
<=	$\leqslant$	小于或等于	5<=5	True
>	$>$	大于	5>5	False
>=	$\geqslant$	大于或等于	5>=5	True
==	$=$	等于	5==3	False
!=	$\neq$	不等于	5!=3	True

3.1.2 布尔型数据

关系运算的结果是布尔型数据（也称逻辑型），布尔型数据是仅有 True（真）和 False（假）两个取值的数据类型。例如：

```
>>> r=5
>>> r>0
True
>>> r<0
False
>>> r!=0
True
```

本质上，Python 用 1 表示 True，0 表示 False。因此，布尔型和整型可以互相转换。int()函数可以把布尔型转换成整型，True 转换成 1，False 转换成 0；bool()函数可以把整型转换成布尔型，非 0 转换成 True，0 转换成 False。例如：

```
>>> int(True)
1
>>> int(False)
0
>>> bool(0)
False
>>> bool(4)
True
```

在 Python 中，bool()函数可以把任何其他数据类型转换成布尔型。转换规则是：数值 0、空字符串、空元组、空列表、空字典（字符串、元组、列表、字典详见本书第 4 章）转换为假，其他数据类型转换为真。即一切非 0、非空的值，其布尔值都是真，否则为假。例如：

```
>>> bool("")    #双引号里面没有包括空格在内的任何字符，是空字符串
False
>>> bool("a")
True
>>> bool(0)
False
>>> bool(-3)
True
```

3.1.3 关系表达式

1. 数值数据的关系表达式

数值数据的关系运算，即比较数值数据大小的运算，其比较规则与数学上数据的比较规则一致；Python 也允许连续比较数据，规则和数学上的比较规则也是一致的。例如：

```
>>> 3<4<5        #3<4 并且 4<5
True
>>> 3>4<5        #3>4 并且 4<5
False
```

```
>>> 3<4!=5        #3<4 并且 4!=5
True
```

2. 字符串数据的关系表达式

Python 允许字符串之间进行比较。其比较规则是：从左到右依次比较字符串中对应字符的 ASCII 码值，首先比较两个字符串的首字符，其 ASCII 码值大的字符串大，若第 1 个字符相等，则继续比较第 2 个字符，以此类推，直到出现不同的字符为止。例如：

```
>>> "abc"<"abcd"
True
>>> "cbc">"abcd"
True
>>> "e">"abc"
True
```

3.2　选择结构

选择结构通过判断条件是否成立，来决定执行程序的对应分支。选择结构的语句是 if 语句。选择结构有 4 种形式：单分支、双分支、多分支和嵌套。

3.2.1　单分支选择结构

单分支选择结构的语法格式如下：

```
if  条件表达式:
    语句块  #注意，语句块一定要向右缩进
```

if 结构里面的语句块必须至少向右缩进一个空格，并且 if 结构中的所有语句都需要向右缩进相同的空格。if 与后面的条件表达式之间以一个空格相隔，条件表达式后以冒号结束。

学习结构化程序设计，除了要掌握语法，关键还要掌握程序的执行过程。图 3-1 描述了单分支选择结构的执行过程：如果条件表达式的结果是 True，则执行 if 结构中的语句块；否则，从 if 结构中退出。

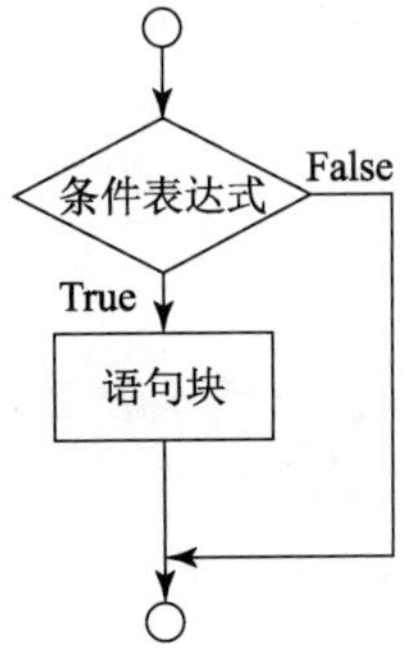

图 3-1　单分支选择结构流程图

选择结构的条件表达式可以是常量、变量或者任何合法的表达式，无论条件表达式为何种形式，Python 最终都根据其结果把条件表达式评价为布尔值。评价规则为：一切非 0、非空的值，评价为真；0 或者空值评价为假。

图 3-2 描述了例 3-1 的流程图，如果半径 r 是非负数，则 r≥0 的结果为 True，程序会计算 s 和 c 并打印输出；否则，程序直接结束，s 和 c 不会被计算输出。

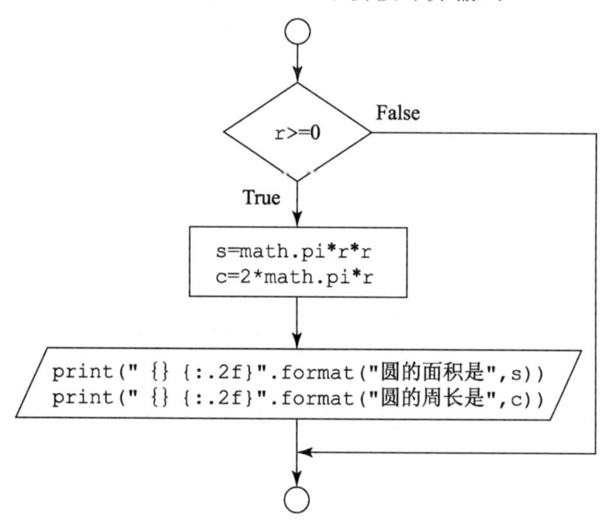

图 3-2　求圆面积的流程图

3.2.2　双分支选择结构

【例 3-2】输入数 x，判断它是奇数还是偶数，如果 x 是偶数，则输出“x 是偶数”；否则，输出“x 是奇数”。

【解析】

偶数指能被 2 整除的数，即 x%2==0 是真时，x 是偶数；x%2==0 是假时，x 是奇数。显然地，x%2==0 取不同值时，程序应该执行不同的操作，此时需要双分支结构。

在 if 语句基础上，加一个 else 子句，就构成了 if-else 双分支结构。双分支结构根据 if 后面的条件表达式的真假，决定执行不同分支里的语句块。语法格式如下：

```
if 条件表达式:
    语句块 1
else:
    语句块 2
```

注意：else 后面也要有冒号。语句块 1 与语句块 2 相对于 if 和 else 向右缩进并对齐。

双分支选择结构的流程图如图 3-3 所示，执行的过程是：如果条件表达式结果为真，执行 if 后的语句块 1；如果条件表达式的结果为假，执行 else 后的语句块 2。语句块 1 和语句块 2 必须且只能执行一个。

例 3-2 的流程图如图 3-4 所示。

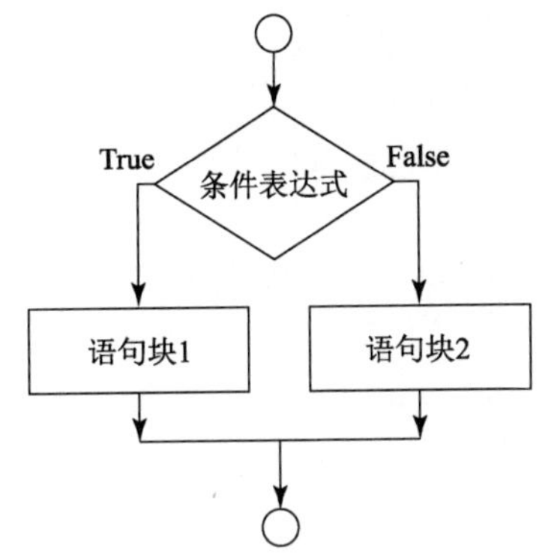

图 3-3　双分支选择结构流程图

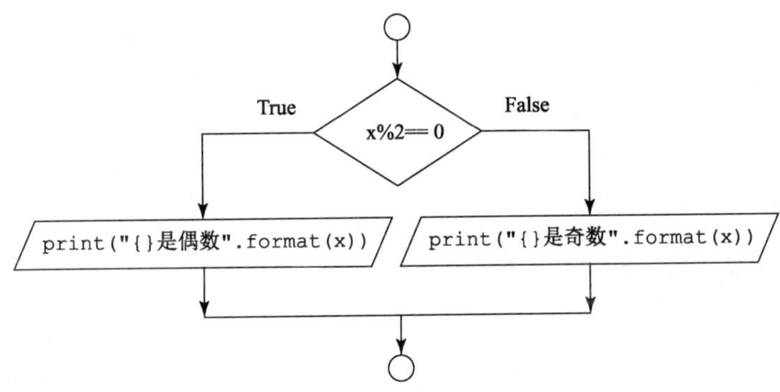

图 3-4　奇偶数判断流程图

例 3-2 的参考代码如下所示。

【参考代码】

ex3-2.py

```
x=eval(input("请输入需要判断的数 x:"))
if x%2==0:
    print("{}是偶数".format(x))
else:
    print("{}是奇数".format(x))
```

【运行结果】

【第 1 次运行，输入 8】

```
请输入需要判断的数 x:8
8 是偶数
```

【第 2 次运行，输入 5】

```
请输入需要判断的数 x:5
5 是奇数
```

【例 3-3】输入圆的半径，如果半径大于或等于 0，则求圆的周长和面积并输出；如果半径小于 0，则给出提示“负数不能作为圆的半径”。

【参考代码】

ex3-3.py

```
import math
r=eval(input("请输入圆的半径 r: "))
if r>=0:
    s=math.pi*r*r
    c=2*math.pi*r
    print("{}{:.2f}".format("圆的面积是:",s))
    print("{}{:.2f}".format("圆的周长是:",c))
else:
    print("负数不能作为圆的半径")
```

【运行结果】

【第 1 次运行】

```
请输入圆的半径 r: -4
负数不能作为圆的半径
```

【第 2 次运行】

```
请输入圆的半径 r: 5
圆的面积是:78.54
圆的周长是:31.42
```

双分支结构还有一种紧凑格式，语法格式如下：

```
表达式 1 if 条件表达式 else 表达式 2
```

执行过程是：如果条件表达式为真，则返回表达式 1；否则返回表达式 2。例如，下列参考代码 a 和参考代码 b 都求得 x 的绝对值 y，并输出 y。

【参考代码 a】

```
x=eval(input("x: "))
y=x if x>=0 else -x
print(y)
```

【参考代码 b】

```
x=eval(input("x: "))
if x>=0:
    y=x
else:
    y=-x
print(y)
```

3.2.3 多分支选择结构

Python 可以在分支结构上加若干 elif 子句，构成 if-elif-else 形式的多分支，语法格式如下（注意：每个条件表达式后都以冒号结束）：

```
if 条件表达式 1:
    语句块 1
elif 条件表达式 2:
    语句块 2
…
elif 条件表达式 n:
    语句块 n

else:
    语句块 n+1
```

程序流程图如图 3-5 所示。多分支选择结构的执行过程为：首先计算条件表达式 1 的值，若结果为 True，则执行语句块 1；否则，计算条件表达式 2，若结果为 True，则执行语句块 2；以此类推。若表达式 1 至表达式 n 的计算结果都为 False，则执行 else 后的语句块 n+1。总之，多分支选择结构执行它碰到的第 1 个条件为真的条件表达式下的语句块；如果没有条件表达式为真，则执行 else 下的语句块 n+1。

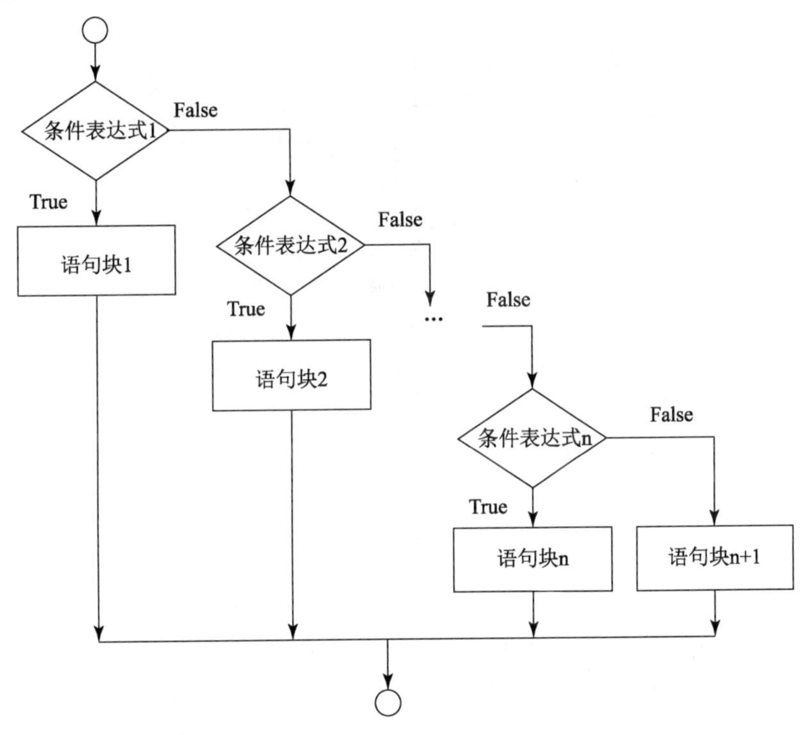

图 3-5　多分支选择结构的流程图

例 2-1 的程序计算了体重指数 BMI。如果程序可以根据计算所得的 BMI 值，判断肥胖程度，该程序的功能将更加完整。

【例 3-4】 编写一个计算体重指数 BMI 的程序，并根据表 2-1 判断其肥胖程度。

根据表 2-1，BMI 的不同取值区间，对应不同肥胖程度，可以用分段函数表示如下：

$$
\text{sta} = \begin{cases} \text{“偏瘦”} & \text{BMI} < 18.5 \\ \text{“正常”} & 22.9 > \text{BMI} \geqslant 18.5 \\ \text{“偏胖”} & 24.9 > \text{BMI} \geqslant 22.9 \\ \text{“肥胖”} & 29.9 > \text{BMI} \geqslant 24.9 \\ \text{“重度肥胖”} & \text{BMI} \geqslant 29.9 \end{cases}
$$

分析例题 3-4 的分段函数，需要 5 个分支，可以画出如图 3-6 所示的程序流程图。

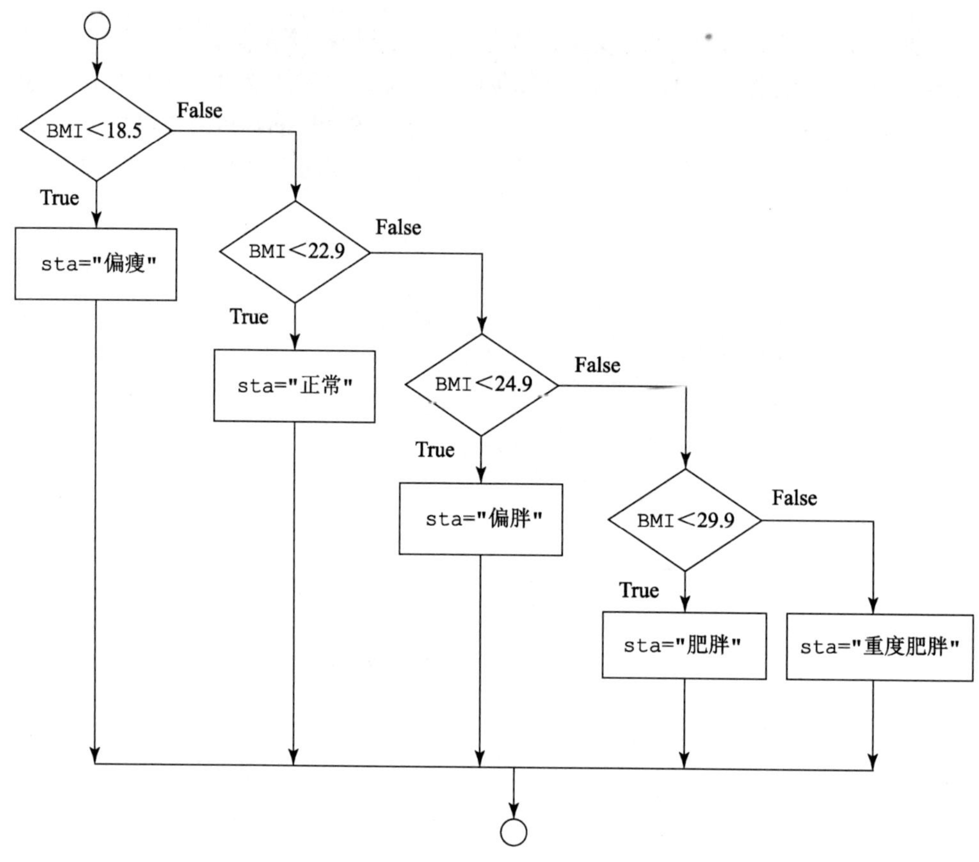

图 3-6 肥胖程度判断流程图

【参考代码】

ex3-4.py

```
weight=float(input("请输入您的体重（千克）："))
height=float(input("请输入您的身高（米）："))
BMI=weight/(height*height)
if BMI<18.5:
    sta="偏度"
elif BMI<22.9:
    sta="正常"
elif BMI<24.9:
    sta="偏胖"
elif BMI<29.9:
    sta="肥胖"
else:
    sta="重度肥胖"
print("您的 BMI 为:",format(BMI,".2f"))
print("您的肥胖程度为:",sta)
```

【运行结果】

```
请输入您的体重（千克）：100
请输入您的身高（米）：1.8
您的 BMI 为: 30.86
您的肥胖程度为: 重度肥胖
```

3.2.4 选择结构的嵌套

【例 3-5】 输入 3 个数 a、b、c，求最大值。

求 3 个数的最大值，可以先随机拿两个数比较，然后让其中较大的数与第 3 个数比较，就可以求得最大值。算法流程如图 3-7 所示。

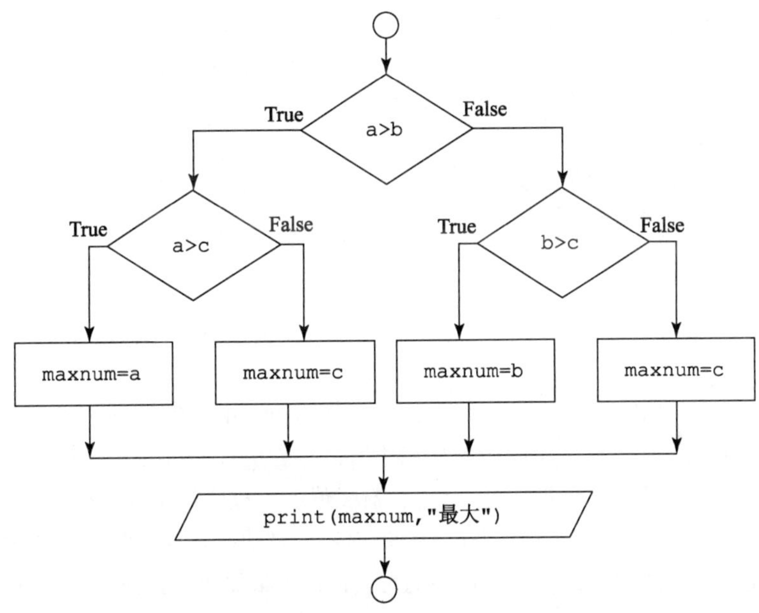

图 3-7 求 3 个数中最大值流程图

a>b 这个条件下的两个分支里的子语句块也是选择结构，这种选择结构里嵌套选择结构的形式称为选择结构的嵌套。嵌套的层次没有限制。

【参考代码】

ex3-5.py

```
a=eval(input("请输入 a: "))
b=eval(input("请输入 b: "))
c=eval(input("请输入 c: "))
if a>b:
    if a>c:
        maxnum=a
    else:
        maxnum=c
else:
    if b>c:
```

```
            maxnum=b
        else:
            maxnum=c
    print(maxnum,"最大")
```

【运行结果】

```
请输入 a：9
请输入 b：8
请输入 c：7
9 最大
```

3.2.5 选择结构的常见问题

考虑如下两个程序的运行结果:

【参考代码 a】

```
1    r=-5
2    if r>=0:
3        s=3.14*r*r
4    print("圆的面积是：",s)
```

【运行结果 a】

```
NameError: name 's' is not defined
```

【参考代码 b】

```
r=-5
if r>=0:
    s=3.14*r*r
    print("圆的面积是：",s)
```

【运行结果 b】

```
没有结果
```

【解析】

参考代码 a 的 print 语句和 if 语句之间是顺序结构，print 语句并不是 if 的子语句。因此，无论 r>=0 的结果是真还是假，if 语句执行完毕后，都会执行 print 语句。程序中，r = −5，因此 r>= 0 是假的，if 的子句不会被执行，s 不会被赋值，但程序第 4 行要打印 s，因此会出错。参考代码 b 的 print 语句是 if 的子句，所以 r = −5 时不会被执行，程序没有结果输出。因此，使用 if 语句时，需要注意缩进，缩进增强程序的可读性。更重要的是，在 Python 中，缩进是语法的一部分，描述了程序的层次关系。

3.3 逻辑运算

【例 3-6】编写程序，输入身高和体重，求 BMI。要求，首先判断“身高或者体重是否小于或等于 0”，若是，则程序给出“输入数据错误”的提示；否则两个数据必然都是正数，计算 BMI，并给出肥胖程度提示。

与例 3-4 相比，本题要在运算之前判断 weight 和 height 是否存在小于或等于 0 的数，只要它们其中一个小于或等于 0，就应该给出提示；只有当两者都大于 0 时，程序才开始执行运算。这是一个双分支嵌套结构。

例 3-6 的程序流程图如图 3-8 所示。

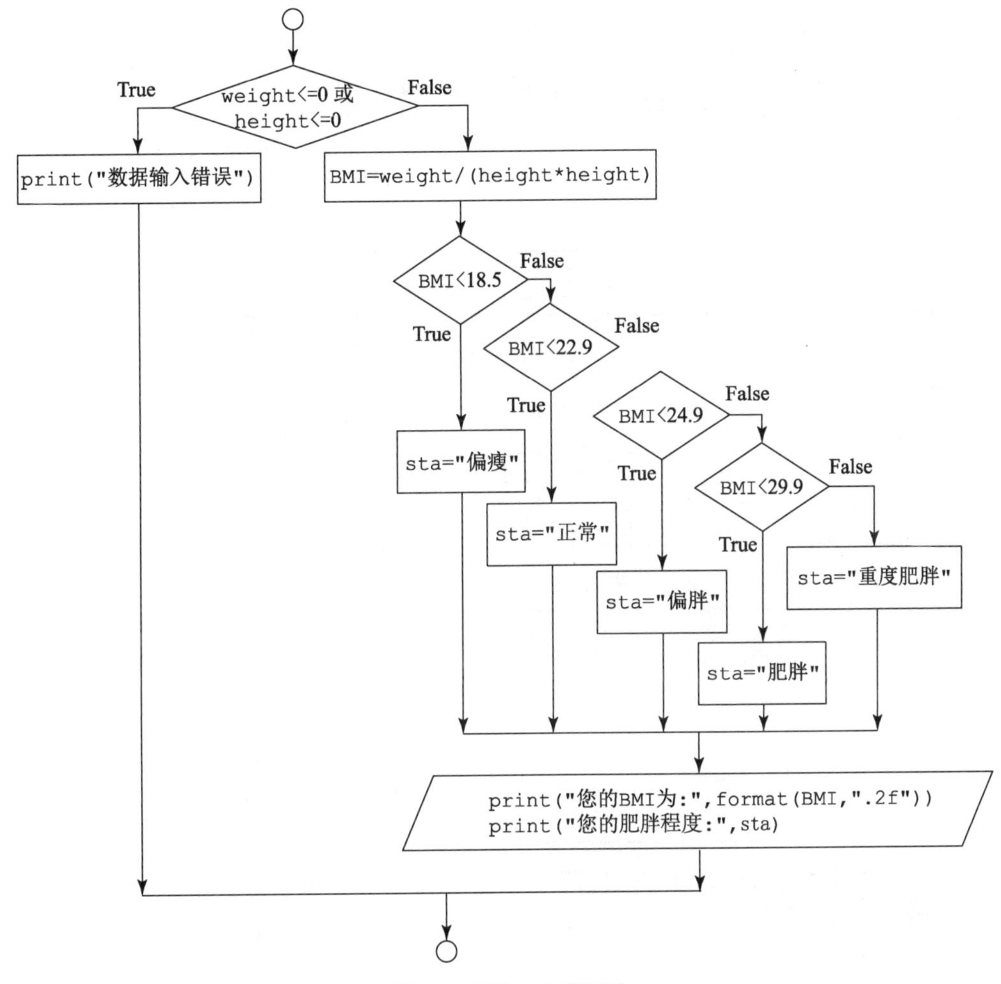

图 3-8　计算 BMI 流程图

接下来需要解决一个问题：如何书写“weight<=0 或 height<=0”这样的复合条件。这需要逻辑运算。

3.3.1　逻辑运算符

逻辑运算也称为布尔运算，逻辑运算符是对逻辑值（布尔值）做运算的运算符。

本节介绍 3 种逻辑运算符，逻辑非运算 not、逻辑与运算 and、逻辑或运算 or。

逻辑非运算，运算符为 not，是只有一个操作数的单目运算符，也叫取反运算。其运算规则为：非真是假，非假是真。

逻辑与运算，运算符为 and，也叫逻辑乘。其运算规则是：参与运算的两个数只要有一个为假，结果为假；只有两个操作数都为真时，结果为真。

逻辑或运算，运算符为 or，也叫逻辑加。其运算规则为：参与运算的两个数只要有真，结果为真；只有两个操作数都为假时，结果为假。

逻辑运算符的运算规则通常用真值表给出。表 3-2～表 3-4 分别给出了逻辑非、逻辑与、逻辑或的运算规则，其中的 p 和 q 表示两个逻辑值，取值为 True 或者 False。表中举例的 x=5、y=6。

表 3-2　逻辑非真值表

p	not p	举　例	结　果
False	True	not x<0	True
True	False	not x>0	False

表 3-3　逻辑与真值表

p	q	p and q	举　例	结　果
False	False	False	x<0 and y<0	False
False	True	False	x<0 and y>0	False
True	False	False	x>=0 and y==0	False
True	True	True	x>0 and y>0	True

表 3-4　逻辑或真值表

p	q	p or q	举　例	结　果
False	False	False	x<0 or y<0	False
False	True	True	x<0 or y>0	True
True	False	True	x>=0 or y==0	True
True	True	True	x>0 or y>0	True

依据逻辑运算的运算规则，例 3-6 中的“weight<=0 或者 height<=0”条件应该用 or 运算，两个数只要有一个小于或等于 0 是真的，条件表达式就应该是真的。例 3-6 的程序如下所示。

【参考代码】

ex3-6.py

```
weight=float(input("请输入您的体重（千克）：")) 
height=float(input("请输入您的身高（米）：")) 
if weight<=0 or height<=0:
    print("数据输入错误")
else:
    BMI=weight/(height*height)
    if BMI<18.5:
        sta="偏廋"
    elif BMI<22.9:
        sta="正常"
    elif BMI<24.9:
        sta="偏胖"
    elif BMI<29.9:
        sta="肥胖"
    else:
        sta="重度肥胖"
    print("您的 BMI 为:{:.2f}".format(BMI))
    print("您的肥胖程度为:",sta)
```

【运行结果】

【第 1 次运行】

```
请输入您的体重（千克）：0
请输入您的身高（米）：1.8
数据输入错误
```

【第 2 次运行】

```
请输入您的体重（千克）：100
请输入您的身高（米）：1.8
您的 BMI 为:30.86
您的肥胖程度为：重度肥胖
```

逻辑运算有优先级，其中 not 高于 and 高于 or，可以使用圆括号改变运算顺序。例如：

```
>>> not False or True       #相当于(not False) or True
True
>>> not (False or True)
False
>>> False and True or True and False #相当于(False and True) or (True and False)
False
```

3.3.2 逻辑运算的短路逻辑

逻辑运算符有个有趣的特征，称为短路逻辑或延迟求值。

1. and 运算

例如，x and y，仅当 x 和 y 都为真时，表达式 x and y 才为真。如果 x 为假，x and y 这个表达式将立即返回假，而忽略 y。实际上，如果 x 为假，这个表达式将返回 x，否则返回 y。这种行为称为短路逻辑，即在有些情况下，and 运算将“绕过”第 2 个值。

2. or 运算

例如，x or y，如果 x 为真，就返回 x，否则返回 y。

```
>>> True and 3+2  #第 1 个操作数为真，直接返回第 2 个操作数
5
>>> False and 3+2  #第 1 个操作数为假，忽略第 2 个操作数，直接返回第 1 个操作数
False
>>> 0 and 3 #把第 1 个操作数 0 解读为假，忽略第 2 个操作数，直接返回第 1 个操作数
0
>>> False or 5*6 #第 1 个操作数为假，直接返回第 2 个操作数
30
>>> 3 or 0 #把第 1 个操作数 3 解读为真，忽略第 2 个操作数，直接返回第 1 个操作数
3
```

3.3.3 复杂的条件表达式

很多情况下，分支结构的条件表达式很复杂，这时需要各种数据之间进行混合运算。数值数据、字符串数据、布尔数据以及各自的运算符之间可以进行混合运算。运算时，各种运算之间也有优先级，其中，“数学运算”高于“关系运算”高于“逻辑运算”。例如：

```
>>> 3+5>2+1 and "a">"b"    #相当于((3+5)>(2+1))and ("a">"b")
False
>>> 2004%4==0  #相当于(2004%4)==0
True
```

3.3.4 实例 判断闰年

【例 3-7】编写程序，判断输入年份是否为闰年。

闰年有 366 天，是为了弥补因人为历法规定造成的年度天数与地球实际公转周期的时间差而设立的。闰年分为普通闰年和世纪闰年。普通闰年指年份是 4 的倍数，但不是 100 的倍数的年份，例如，2004 年是普通闰年，2001 年不是普通闰年；世纪闰年指年份为整百的数，并且是 400 的倍数，例如，1600 年、2000 年是世纪闰年，1900 年、2100 年不是世纪闰年。

根据闰年的定义，得到判断年份 x 为闰年的条件。当年份满足下列两个条件之一，即下面两个条件做或运算结果为真时为闰年。

（1）x 可以被 4 整除，但不能被 100 整除。

（2）x 可以被 400 整除。

【参考代码】

ex3-7.py

```
x=eval(input("请输入年份: "))
if(x%4==0 and x%100!=0)or x%400==0:
    print(x,"年是闰年")
else:
    print(x,"年是平年")
```

【运行结果】

【第 1 次运行】

```
请输入年份: 2000
2000 年是闰年
```

【第 2 次运行】

```
请输入年份: 2021
2021 年是平年
```

【第 3 次运行】

```
请输入年份: 1900
1900 年是平年
```

3.4 random 库

【例 3-8】猜数字游戏。

计算机产生一个三位随机正整数 x，玩家猜 x 是多少。程序根据游戏玩家猜的数字与 x 的大小关系给出“大了”“小了”“恭喜您猜对了”的提示信息。

这样一个猜数的游戏，被猜的数必须是随机的。随机数应该是不确定的、不可预测的。但是，计算机产生的随机数无论看起来多么“随机”，都不是真正意义上的随机数。因为计算机是根据随机数种子，按照一定算法产生随机数的，所以其结果是确定的、可预见的，称为伪随机数。

Python 的 random 库提供了两个重要的函数。一个是 seed(a)函数，其作用是指定 a 作为初始随机数种子。如果省略参数 a，或者省略 seed()函数，则使用系统时间作为种子。种子相同，产生的随机数序列相同；种子不同，产生的随机数序列不同。另一个是 random()函数，其作用是生成一个[0.0,1.0)的随机小数。random 库中其他随机数函数都是基于最基本的 random()函数扩展实现的。random 库常用函数如表 3-5 所示。

表 3-5 random 库常用随机数生成函数

函 数	描 述
seed(a)	初始化给定的随机数种子，默认为当前系统时间
random()	生成一个[0.0,1.0)的随机小数
randint(a,b)	生成一个[a,b]的整数
randrange(m,n[,k])	生成一个[m,n)以 k 为步长的随机整数
getrandbits(k)	生成一个 k 比特长的随机整数
uniform(a,b)	生成一个[a,b]的随机小数
choice(seq)	从序列中随机选择一个元素

读者不需要记忆这些函数，需要使用这些函数时查阅该库中随机数生成函数，找到符合使用场景的函数即可。

例 3-8 需要计算机生成三位随机正整数，使用 randint()函数即可，代码如下。

【参考代码】

ex3-8.py

```
from random import randint
x=randint(100,999)
print("产生的随机数是:",x)
y=eval(input("请输入您猜的数 y:"))
if y<x:
    print("小了")
elif y==x:
    print("恭喜您，猜对了")
else:
    print("大了")
```

【运行结果】

【第 1 次运行】

```
产生的随机数是: 431
请输入您猜的数 y:400
小了
```

【第 2 次运行】

```
产生的随机数是: 237
请输入您猜的数 y:300
大了
```

【解析】

程序中没有使用 seed()函数，默认使用系统时间作为初始随机数种子。系统时间实时变化，因此每次运行产生的随机数都不同。程序的第 3 行是为了在程序测试阶段，让程序员看到随机生成的数据。程序完成后，把第 3 行删除即可。

每次运行例 3-8 的程序时，都产生不同的随机数。但很多时候，如程序调试阶段，人们希望再现上次程序的运行状况。此时，可以使用 seed()函数，指定随机数种子，使得每次运行时产生相同的随机数序列。

【例 3-9】观察如下两个程序分别运行 3 次的运行结果。

【参考代码】

ex3-9a.py

```
import random
random.seed(1000)
for i in range(3):
    x=random.randint(1,100)
    print(x,end=",")
```

【运行结果】

【第 1 次运行】

```
100,55,86,
```

【第 2 次运行】

```
100,55,86,
```

【第 3 次运行】

```
100,55,86,
```

ex3-9b.py

```
import random
random.seed()
for i in range(3):
    x=random.randint(1,100)
    print(x,end=",")
```

【运行结果】

【第 1 次运行】

```
53,22,59,
```

【第 2 次运行】

```
79,89,50,
```

【第 3 次运行】

```
44,40,9,
```

【解析】

每次运行参考代码 ex3-9a 时，都使用 1000 作为随机数种子，因此，每次运行产生的随机数列都相同；但在参考代码 ex3-9b 中，seed()函数省略参数，默认使用系统时间作为随机数种子，因此每次运行时产生的随机数列都不同。

3.5　循环结构

假设需要输出 1 行“I love Python!”，代码很简单。

```
>>> print("I love Python!")
I love Python!
```

如果需要输出 100 行“I love Python!” 呢？直接的方式是使用 100 行上述程序。

```
print("I love Python!")
…
print("I love Python!")
```

虽然很简单，但不可行。Python 语言的 while 循环和 for 循环能够控制语句或者语句块的多次重复执行，解决循环问题。

3.5.1　while 循环

while 循环，根据循环条件决定是否进入或者退出循环。只要循环条件为真，就不断执行循环体，否则退出循环。while 循环的语法格式如下：

```
while 条件表达式:
    循环体 #需要缩进
```

while 循环流程图如图 3-9 所示。

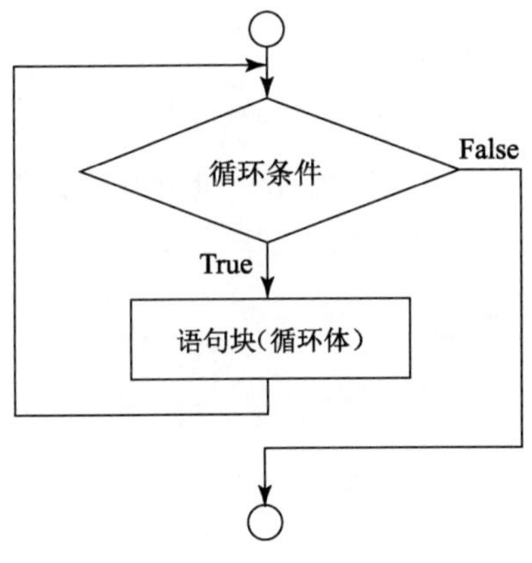

图 3-9　while 循环流程图

使用 while 循环，完成打印输出 100 行“I love Python!”的程序，只需 4 行代码，程序如下：

```
count=1
while count<=100:
    print("I love Python!")
    count=count+1
```

程序执行的过程如下。

（1）变量 count 初始值设为 1。

（2）判断循环条件 count<=100。

（3）如果 count<=100 为真，则进入循环，执行循环体，打印一行“I love Python!”，并将 count 累加 1，执行（4）；如果 count<=100 为假，执行（5）。

（4）程序返回（2）。

（5）退出循环。

count 从 1 到 100 都会使得 count<=100 为真，因此循环体执行 100 次，打印 100 行“I love Python！”。之后，count=100+1=101，count<=100 为假，退出循环，程序结束。程序流程图如图 3-10 所示。

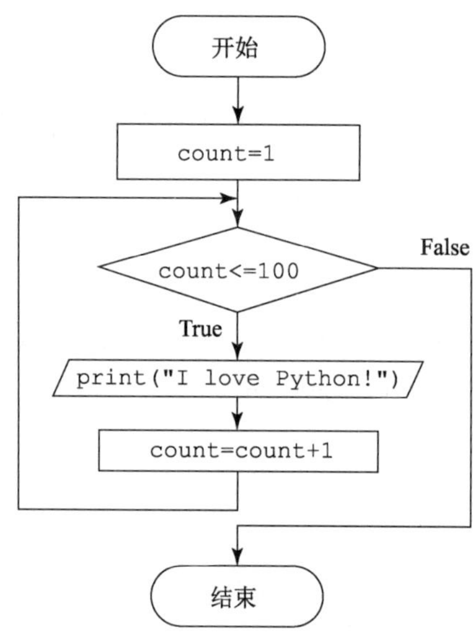

图 3-10　打印 100 行数据流程图

【例 3-10】 利用 while 循环求 100（包括 100）以内所有奇数和。

【参考代码】

ex3-10.py

```
sum=0
i=1
while i<=100:
    sum=sum+i
    i=i+2
print(sum)
```

【运行结果】

```
2500
```

循环功能非常强大，下面用循环结构让例 3-8 的游戏玩家有更好的游戏体验。

分析例 3-8，无论游戏玩家猜对还是猜错，只有一次机会，程序就结束了。如果想继续猜，必须重新运行程序。但此时游戏又产生了与上次运行完全不同的随机数，使游戏失去了连续性。如果想增强程序的功能，让游戏玩家能够一直猜对为止，可以用循环实现。

“猜对”的意思是玩家猜的数据 y 与程序生成的随机数 x 相等，此时结束游戏。因此，进入循环，让用户继续猜数字的条件是 y!=x。

【例 3-11】 猜数字游戏。

计算机产生一个三位随机正整数 x，玩家猜 x 是多少，程序根据游戏玩家猜的数字 y 与 x 的大小关系给出“大了”“小了”“恭喜您猜对了”的提示信息，玩家猜对，程序退出。

【参考代码】

ex3-11.py

```
from random import randint
x=randint(100,999)
y=eval(input("请输入您猜的数 y:"))
while y!=x:
    if y<x:
        print("小了")
    else:
        print("大了")
    y=eval(input("请输入您猜的数 y:"))
print("恭喜您，猜对了")
```

【运行结果】

```
请输入您猜的数 y:100
小了
请输入您猜的数 y:600
大了
请输入您猜的数 y:593
恭喜你，猜对了
```

【例 3-12】 利用辗转相除法求两个正整数的最大公约数。

古希腊数学家欧几里得在其著作 *The Elements* 中最早描述了辗转相除法，因此也称为欧几里得算法。若求 m 和 n 的最大公约数，算法描述如下。

（1）r = m % n。

（2）若 r != 0，执行（3）；否则执行（5）。

（3）m = n，n = r。

（4）返回（1），重新执行（1）。

（5）输出最大公约数 n。

例如，假设 m = 356，n = 28，按照辗转相除法求它们的最大公约数的过程如图 3-11 所示。

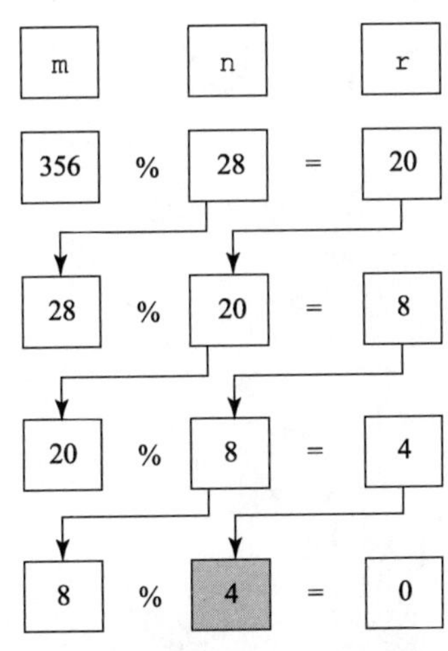

图 3-11 辗转相除法运算过程图

程序流程图如图 3-12 所示。

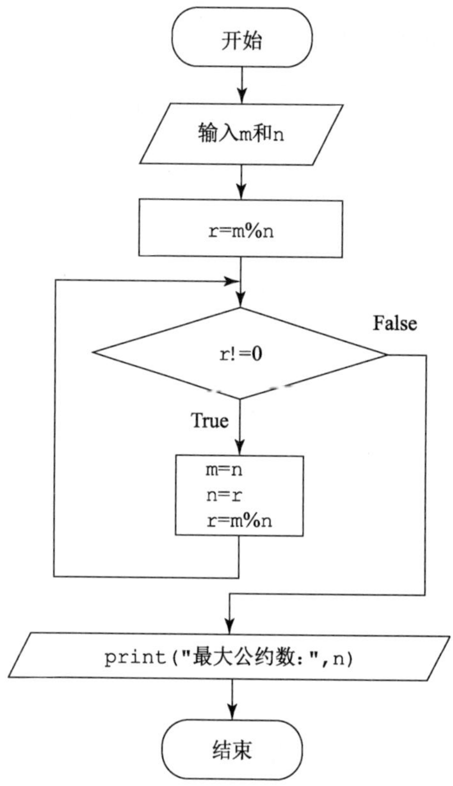

图 3-12　辗转相除法流程图

【参考代码】

ex3-12.py

```
m=eval(input("请输入 m:"))
n=eval(input("请输入 n:"))
r=m%n
while r!=0:
    m=n
    n=r
    r=m%n
print("最大公约数是: ",n)
```

【运行结果】

```
请输入 m:4
请输入 n:16
最大公约数是: 4
```

3.5.2　for 循环

while 语句可以非常灵活地完成各种循环。但还存在一些特别的问题，比如知道求解问题需要的循环次数，或者需要遍历本书第 4 章介绍的序列，此时可以用更简洁的 for 循环。

1. for 语句语法

for 语句的语法格式如下：

```
for 循环索引变量 in 可迭代对象:
        循环体  #向右缩进
```

可迭代对象，指其元素可以被单独提取出来的对象。例如，字符串“Python”，它由“P”“y” “t”“h”“o”“n”6 个字符元素组成，每个字符元素可以被单独提取出来。更多可迭代对象，如列表、元组等参见本书第 4 章。

for 语句的执行过程是：每次循环，判断可迭代对象中是否还有没有提取过的元素，如果有，则提取出该元素并把它赋予循环索引变量，进入循环；如果没有，则退出循环。注意：从可迭代对象中提取元素，赋值给循环索引变量，该过程由 for 循环结构完成。

【例 3-13】用 for 语句遍历字符串“Python”。

【参考代码】

ex3-13.py

```
strs="Python"
for s in strs:
    print(s, end=",")
```

【运行结果】

```
P,y,t,h,o,n,
```

【解析】

in 运算是判断元素是否在序列中的运算，如果元素在序列中，则结果为真；否则为假。执行 for 循环时，首先取出字符“P”，赋值给 s，进入循环，打印“P”；然后继续判断 strs 中是否还有未被提取过的字符，如果有，则取出第 2 个字符“y”并赋值给 s，进入循环。循环执行 6 次后，strs 中元素被取尽，退出循环。

2. range()函数

【例 3-14】利用 for 循环求 1～100（包括 100）以内的所有偶数的和。

例 3-14 在程序设计中，需要遍历 1～100 内的所有数，Python 为此提供了可以创建一定范围内数的内置函数——range()函数。其语法格式如下：

```
range([start,]end[,step])
```

range()函数的功能是产生一个可迭代对象，这个可迭代对象是一个有序数列，该数列以 step（步长）为间隔，产生[start,end)半开区间内的一系列数。其中，start 和 step 是可选参数。如果省略 start，表示初始值从 0 开始；省略 step，表示步长为 1。

表 3-6 range()函数用法示例

例　题	产生的序列
range(5)	[0,1,2,3,4]
range(5,10,2)	[5, 7, 9]

续表

例　　题	产生的序列
range(-2,10,3)	[-2, 1, 4, 7]
range(2,-10,-3)	[2, -1, -4, -7]
range(2,-10,3)	空

例 3-14 要累加 100 以内（包括 100）的偶数，可以用 range(2,101,2)产生 100 以内所有偶数序列。

【参考代码】

ex3-14.py

```
sum=0
for i in range(2,101,2):
    sum=sum+i
print(sum)
```

【运行结果】

```
2550
```

阶乘运算非常常用，如排列或者组合的公式中，都用到阶乘。用计算机求阶乘，非常简单方便。

【例 3-15】计算 20 的阶乘。

【参考代码】

ex3-15.py

```
f=1
for i in range(1,21):
    f=f*i
print(f)
```

【运行结果】

```
2432902008176640000
```

3.5.3　辅助控制语句

1. break 语句

break 语句用于退出 for 循环和 while 循环，即提前结束循环，它通常和 if 一起使用。

【例 3-16】阅读如下程序，判断其输出结果。

【参考代码】

ex3-16.py

```
for i in range(10):
    print(i)
    break
print("循环里的print函数只执行一次！")
```

【运行结果】

```
0
循环里的 print 函数只执行一次!
```

【解析】

首先，从序列中取 0 赋值给 i，进入循环。打印出 0，再执行 break，退出循环，执行循环外的语句，如上述程序中箭头所示。

【例 3-17】输入正整数 m，判断此数是否为素数。

所谓素数（或称质数），指只能被 1 和自身整除的数。判断 m 是否为素数，只要判断 m 可否被[2, m−1]之中的任何一个整数整除。如果 m 不能被此范围内的任意一个数整除，则 m 是素数；否则，m 是合数。

【参考代码】

ex3-17a.py

```
m=eval(input("请输入m:"))
for i in range(2,m):
    if m%i==0:
        break
if i==m-1:
    print("是素数")
else:
    print("不是素数")
```

【运行结果 a】

【第 1 次运行】

```
请输入m:4
不是素数
```

【第 2 次运行】

```
请输入m:5
是素数
```

【第 3 次运行】

```
请输入m:2
NameError: name 'i' is not defined
```

ex3-17b.py

```
m=eval(input("请输入m:"))
if m==2:
    print("是素数")
else:
    for i in range(2,m):
        if m%i==0:
            break
    if i==m-1:
        print("是素数")
    else:
        print("不是素数")
```

【运行结果 b】

【第 1 次运行】

```
请输入m:4
不是素数
```

【第 2 次运行】

```
请输入m:5
是素数
```

【第 3 次运行】

```
请输入m:2
是素数
```

【解析】

参考代码 ex3-17a 的基本算法是：让 m 尝试除以 2～m−1 的所有的自然数，如果 m 是素数，那么程序第 3 行的条件永远为假，break 不会被执行，for 语句在 i=m−1 时正常退出。因此，退出循环时，如果 i=m−1，说明 m 是素数。如果 m 不是素数，m 必然至少被 2～m−1 之中的一个自然数整除，即程序第 3 行的条件一定会在 i 等于某值时为真，break 一定会被执行，for 语句一定被强制退出，退出循环时，i 一定小于 m−1。因此，退出循环时，如果 i≠m−1，m 一定不是素数。

参考代码 ex3-17a 为了让读者把注意力放到 break 上，并没有考虑 m=2 的情况，但是参考代码 ex3-17b 考虑了 m=2 的情况。

请思考：参考代码 ex3-17a 为什么不能判断 2 是否为素数呢？因为当 m=2 时，range(2,m) 创建的可迭代对象中没有元素，所以 for 循环不能从 range(2,m)中取到元素赋值给 i。这样，当程序运行到第 5 行时，会出错："NameError: name 'i' is not defined"。

2. continue 语句

continue 语句类似于 break，通常也要与 if 结合。continue 语句用作结束本次循环，即跳过循环体内 continue 后面尚未执行的语句，重新返回到循环的起始处，并根据循环条件判断是否执行下一次循环。

【例 3-18】阅读如下程序，判断其输出结果。

【参考代码】

ex3-18.py

```
1    i=0
2    while i<10:
3        i=i+1
4        if i%2==0:
5            continue
6        print(i,end=",")
```

【运行结果】

```
1,3,5,7,9,
```

【解析】

如果没有第 4 行和第 5 行代码，例 3-18 将打印输出"1，2，3，4，5，6，7，8，9，10，"。

第 4 行和第 5 行代码是单分支选择结构，当 i 是偶数时，“i%2==0”表达式结果为真，执行 continue，终止这一次循环，程序回到循环起始处，如程序中箭头所示。因此，当 i 为偶数时，continue 后面的 print 没有机会执行，打印的结果是 10 以内的奇数。

continue 语句与 break 语句的区别在于：continue 语句仅结束本次循环，并返回到循环的起始处，若循环条件满足，则开始执行下一次循环；而 break 语句则是退出循环，跳转到循环结构的后继语句。

除非必须使用 continue 与 break 语句，或者它们可以使程序更简洁，否则，不要随意使用它们。

3.5.4　else 子句

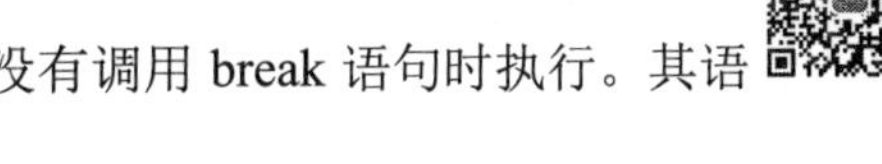

for 和 while 语句可以附带一个 else 子句。else 子句仅在没有调用 break 语句时执行。其语法格式如下：

```
for 循环索引值 in 序列:
    循环体语句块 1
else:
    语句块 2
```

```
while 条件表达式:
    循环体语句块 1
else:
    语句块 2
```

【例 3-19】输入一个数 m，判断此数是否为素数。使用 else 子句进行程序的编写。

【参考代码】

ex3-19.py

```
m=eval(input("请输入 m:"))
for i in range(2,m):
    if m%i==0:
        print("不是素数")
        break
else:
    print("是素数")
```

【运行结果】

【第 1 次运行】

```
请输入 m:56
不是素数
```

【第 2 次运行】

```
请输入 m:3
是素数
```

【解析】

如果 m 不是素数，则执行 break，不执行 else；如果 m 是素数，则不执行 break，而在 for 语句正常执行结束前，执行 else，然后退出循环。

使用 else 子句后，不需要单独考虑 m=2 的情况，因为当 m=2 时，for 语句正常退出，直接执行 else 子句，正好输出 2 是素数。

3.5.5　循环的嵌套

在一个循环体内又包含另一个循环的结构，称为循环的嵌套，也叫多重循环结构。

在多重循环结构中，for 循环和 while 循环两种循环语句可以相互嵌套，层次不限。多重循环的循环次数等于每重循环次数的乘积。

【例 3-20】利用循环嵌套打印九九乘法表。

【参考代码】

ex3-20.py

```
1    for i in range(1,10):
2        for j in range(1,i+1):
3            print("{:1d}*{:1d}={:2d}".format(i,j,i*j),end=" ")
4        print()
```

【运行结果】

```
1*1= 1
2*1= 2 2*2= 4
3*1= 3 3*2= 6 3*3= 9
4*1= 4 4*2= 8 4*3=12 4*4=16
5*1= 5 5*2=10 5*3=15 5*4=20 5*5=25
6*1= 6 6*2=12 6*3=18 6*4=24 6*5=30 6*6=36
7*1= 7 7*2=14 7*3=21 7*4=28 7*5=35 7*6=42 7*7=49
8*1= 8 8*2=16 8*3=24 8*4=32 8*5=40 8*6=48 8*7=56 8*8=64
9*1= 9 9*2=18 9*3=27 9*4=36 9*5=45 9*6=54 9*7=63 9*8=72 9*9=81
```

【解析】

为了结果对齐，第 3 行代码，使输出的乘积格式化为两位。第 4 行代码的作用是第 i 行打印完成后换行。

【例 3-21】求出 100 以内的所有素数，并打印输出，一行打印 10 个数。

本题只需要把 100 以内的所有数据都用例 3-19 的方法判断一遍即可。因此，只需要在例 3-19 的基础上加一重循环，让 m 从 2 取到 100，分别判断 m 是否是素数，若是素数则打印 m；若不是则不打印。

【参考代码 a】

ex3-21a.py

```
for m in range(2,100):
    for i in range(2,m-1):
        if m%i==0:
            break
    else:
        print(m)
```

【运行结果 a】

```
2
3
5
…
```

【参考代码 b】

ex3-21b.py

```
num=0
```

```
for m in range(2,100):
    for i in range(2,m-1):
        if m%i==0:
            break
    else:
        num=num+1
        print(m,end=",")
        if num%10==0:
            print()
```

【运行结果 b】

```
2,3,5,7,11,13,17,19,23,29,
31,37,41,43,47,53,59,61,67,71,
73,79,83,89,97,
```

【解析】

参考代码 ex3-21a 找到 100 以内所有素数并输出，参考代码 ex3-21b 找出 100 以内素数，并按一行打印 10 个数的方式输出。

3.6　异常

程序运行期间，检测到的影响程序正常执行的事件被称为异常。

例如：

```
>>> 1%0
Traceback (most recent call last):
  File "<pyshell#0>", line 1, in <module>
    1%0
ZeroDivisionError: integer division or modulo by zero
```

求余运算的除数为 0，程序中出现异常，并且这个异常没有被处理，这时程序 Traceback（回溯或跟踪）代码给出错误提示信息，并终止程序的运行。

Traceback 输出包含诊断问题所需的所有信息。错误信息的前几行指出了引发异常的代码文件以及行数；错误信息的最后一行是引发的异常类型，以及关于该异常的一些相关信息。上例的异常类型是 ZeroDivisionError，意思是除法运算中的除数为 0 出现异常。

编写程序时，可能会发生各种异常，使得程序崩溃而终止运行。为了处理这些异常，可以在每个可能发生这些异常事件的地方使用条件语句。例如，对每个除法运算，都检测除数是否为零。但这样做，效率低下，缺乏灵活性。当然，也可以不处理这些异常，但这样程序就不够健壮，用户体验差，最终会被用户抛弃。幸运的是，Python 提供了强大的解决方案——异常处理机制。

本节将介绍异常处理。

3.6.1　异常的概念

异常是 Python 中的一种对象。当异常发生时，Python 会产生一种对应类型的对象来存储异常信息。Python 提供了一系列的标准异常类型，如表 3-7 所示。

表 3-7 常用异常

异常名称	描述
Exception	常规异常的基类
StopIteration	迭代器没有更多的值
FloatingPointError	浮点计算错误
OverflowError	数值运算结果太大无法表示
ZeroDivisionError	除数为 0
AttributeError	属性引用或赋值失败
EOFError	当 input()函数在没有读取任何数据时，就达到文件结束条件(EOF)时引发
ImportError	导入模块/对象失败
NameError	未声明/初始化对象
SyntaxError	语法错误
TypeError	对类型无效的操作
ValueError	传入无效的参数

这些异常无须记忆，在需要时查找即可。

3.6.2 异常的捕获

1. 异常处理的语法

如果程序员知道代码可能发生某种异常，且不希望出现这些异常时程序终止并显示回溯信息，可以使用 try/except 语句来捕获异常，其语法格式如下：

```
try:
   语句块 0 #需要检测异常的代码
except 异常 1:
   语句块 1 #如果 try 部分引发了异常 1 则执行
except 异常 2:
   语句块 2 #如果 try 部分引发了异常 2 则执行
…
except 异常 n:
   语句块 n #如果 try 部分引发了异常 n 则执行
else:
   语句块 n+1
finally:
   语句块 n+2
```

2. try/except 语句的执行过程

（1）执行 try 子句，即语句块 0。

（2）如果没有异常发生，则 try 的语句块 0 执行完毕后，执行 else 的语句块 n+1。

（3）如果在执行 try 子句的过程中发生了异常，则 try 子句余下的部分将被忽略，然后执行 except 子句；如果异常的类型与 except 之后的名称相符，则对应的 except 子句将被执行，并且只执行碰到的第 1 个名称相符的 except 子句。

（4）如果发生的异常没有与任何的 except 匹配，程序用 Traceback 代码给出错误提示信息并终止程序的运行。

（5）无论是否发生了异常，只要提供了 finally 语句，以上 try/except/else/finally 代码执行的最后一步总是执行 finally 所对应的代码块。即无论是否发生异常，finally 子句都会执行。

3. try/except 语句的说明

【例 3-22】 输入两个数 x 和 y，求 x 除以 y 的余数。

（1）一个 try 语句可以包含一个 except 子句，用来处理特定的异常，如参考代码 ex3-22a。

【参考代码】

ex3-22a.py

```
try:
        x=int(input("请输入 x:"))
        y=int(input("请输入 y:"))
        z=x%y
except ZeroDivisionError:
        print("除数为 0 了")
else:
        print("没有异常")
```

【运行结果】

【第 1 次运行】

```
请输入 x:5
请输入 y:3
没有异常
```

【第 2 次运行】

```
请输入 x:5
请输入 y:0
除数为 0 了
```

（2）一个 try 语句也可以包含多个 except 子句，分别来处理不同的特定的异常。但最多只有一个分支会被执行，如参考代码 ex3-22b。

【参考代码】

ex3-22b.py

```
try:
        x=int(input("请输入 x:"))
        y=int(input("请输入 y:"))
        z=x%y
except ZeroDivisionError:
        print("除数为 0 了")
except ValueError:
        print("数据输入错误")
else:
        print("没有异常")
```

【运行结果】

【第 1 次运行】

```
请输入 x:a
数据输入错误
```

【第 2 次运行】

```
请输入 x:4
请输入 y:0
除数为 0 了
```

【第 3 次运行】

```
请输入 x:4
请输入 y:6
没有异常
```

（3）一个 except 子句可以同时处理多个异常，这些异常用圆括号组织成一个元组（元组见本书第 4 章），但是这样不能确定异常种类。例如，参考代码 ex3-22c，except 中有 3 个异常，这 3 个异常无论哪个发生，都会执行这个 except 下的子句，但不能确定发生的异常到底是这 3 个异常中的哪个异常。

【参考代码】

ex3-22c.py

```
try:
    x=int(input("请输入 x:"))
    y=int(input("请输入 y:"))
    z=x%y
except (ZeroDivisionError,ValueError,NameError):
    print("有异常")
else:
    print("没有异常")
```

【运行结果】

```
请输入 x:3
请输入 y:0
有异常
```

（4）一个 except 子句可以同时处理多个异常，并且可以用 as 关键字获得异常，如参考代码 ex3-22d。

【参考代码】

ex3-22d.py

```
try:
    x=int(input("请输入 x:"))
    y=int(input("请输入 y:"))
    z=x%y
except (ZeroDivisionError,ValueError,NameError) as e:
    print(e)
else:
    print("没有异常")
```

【运行结果】

```
请输入x:3
请输入y:0
integer division or modulo by zero
```

（5）捕获所有异常。尽管程序可以处理若干异常，但还可能有漏网之鱼，对于没有用 except 捕获的异常，仍然会给出 Traceback 信息，并使程序崩溃停止。这时可以用如下结构捕获所有异常。

```
try:
   语句块 #需要检测异常的代码
except:
   语句块
```

这个结构在 except 中没有指定任何异常，它可以捕获所有异常。看起来一劳永逸，但要注意，像这样捕获异常有一定的危险，因为这既隐藏了考虑到的异常，也隐藏了没有考虑到的异常，可能会为后面的程序带来意想不到的状况，所以要慎重使用。

3.7　常用算法

算法是指解题方案准确而完整的描述，是有序、清晰的指令序列，代表着用系统的方法描述解决问题的策略机制。

常见的算法有许多，本节主要介绍枚举法和递推法。

3.7.1　枚举法

枚举法，又称穷举法，是一种暴力破解法。其基本思路是：对于要解决的问题，列举出所有可能的解，并逐个判断每种可能，找到满足判断条件的可能，从而得到问题的解。

枚举算法的求解步骤通常如下。

（1）确定枚举对象和枚举范围。

（2）设定判断条件。

（3）按照顺序一一列举所有的可能，逐个判断每种可能是否满足判断条件。

【例 3-23】韩信点兵。

据说秦朝末年，楚汉相争。在一次战斗中，韩信率领 1500 名将士同楚军交战，大败楚军。当韩信率领剩下的士兵返回营地时，后来军报说又有一队楚军人马火速追来。韩信见追兵不足 500 人，便急速点兵迎敌。此时，士兵数量大约在 1000 人到 1100 人之间。他命令士兵 3 人排成一排，结果多出 2 名；韩信又命令士兵 5 人排成一排，结果多出 3 名；他又命令士兵 7 人排成一排，结果又多出 2 名。于是韩信马上说道："我军有 1073 名士兵，而追兵不过区区 500 人，我们一定能够打败敌人。"听了韩信的话，士兵们士气大振，一鼓作气打败了追来的敌军。编程验证，韩信士兵的数量真的是 1073 名吗？

【解析】

假设韩信的士兵有 x 人，那么 x 除以 3 余 2、除以 5 余 3、除以 7 余 2，所以本题是求满足除以 3 余 2、除以 5 余 3、除以 7 余 2 的自然数。可以用枚举算法。

（1）确定枚举对象：枚举对象是士兵数量 x，枚举范围的区间为[1000,1100]。

（2）设定判断条件：x%3==2 and x%5==3 and x%7==2。

（3）枚举顺序：x 从 1000 开始，逐渐累加。

【参考代码】

ex3-23.py

```
x=1000
while True:
    if x%3==2 and x%5==3 and x%7==2:
        print("韩信的兵士数量是：",x,"人")
        break
    else:
        x=x+1
```

【运行结果】

```
韩信的兵士数量是： 1073 人
```

【解析】

例 3-23 用 if 和 break 语句配合退出循环，满足 x%3==2 and x%5==3 and x%7==2 的时候跳出循环。跳出循环时的 x 即士兵数量。

【例 3-24】百钱百鸡问题。某人有 100 元钱，需要买 100 只鸡，其中公鸡 3 元一只，母鸡 2 元一只，小鸡 1 元三只。如果恰好花完 100 元钱，买 100 只鸡，并且公鸡、母鸡、小鸡至少各买一只，公鸡、母鸡、小鸡可以各买多少只？

百钱百鸡问题是经典的适合枚举算法的问题，算法解析如下。

（1）确定枚举对象：枚举对象是公鸡、母鸡和小鸡，其数量分别设为 cock、hen 和 chick，显然 cock 的枚举范围是 1～33，hen 的枚举范围是 1～50，chick 的枚举范围是 1～100，因为 3 种鸡的和是确定的，因此可以只枚举其中的两种。例如，只枚举公鸡和母鸡，那么 chick=100-cock-hen。

（2）设定判断条件：一共花 100 元钱，因此所有可能的枚举情况必须满足：

cock*3+hen*2+chick/3=100

（3）枚举顺序：每种鸡从 1 开始枚举，一直枚举到它的最大值。

【参考代码】

ex3-24.py

```
for cock in range(1,34):
    for hen in range(1,51):
        chick=100-cock-hen
        if cock*3+hen*2+chick/3==100:
            print("公鸡{}只,母鸡:{}只,小鸡:{}只".format(cock,hen,chick))
```

【运行结果】

```
公鸡:5 只,母鸡:32 只,小鸡:63 只
公鸡:10 只,母鸡:24 只,小鸡:66 只
公鸡:15 只,母鸡:16 只,小鸡:69 只
```

```
公鸡:20 只,母鸡:8 只,小鸡:72 只
```

枚举法算法思想简单，易于实现，但是运算效率低下。适合解决规模不是很大的问题。

3.7.2　迭代算法

许多问题都可以直接求解。例如，已知圆的半径 r 求圆的面积，用公式 πr^2 可以直接计算得出结果；又如，求方程 $bx+c=0$ 的根，可以直接求解。如果一个问题可以直接求解，直接解法总是会被优先考虑的。但是，也有许多问题无法直接求解。例如，求两个正整数的最大公约数，没有直接可以求得答案的方法，则可用辗转相除法，把求 gcd(m，n)，转换成求 gcd(n,m%n)，经过多次运算，逐步求解，直到某次的 m%n 结果为零了，才能结束运算，得到结果。这种方法称为迭代算法。

迭代算法是一类利用递推公式通过构造来循环求问题的方法。

【例 3-25】读书问题。

小明读书，第 1 天读了全书的一半加 2 页，第 2 天读了剩下的一半加 2 页，以后天天如此，第 6 天读完了最后的三页，问全书多少页？

【解析】

已知第 6 天小明读书之前剩余的页数是 3 页，用公式 $x_5=(x_6+2)\times 2$ 可以推导出第 5 天小明读书之前剩余的页数，同样，使用 $x_4=(x_5+2)\times 2$ 可以推导出第 4 天小明读书之前剩余的页数，以此类推，最终会求得第 1 天小明读书之前剩余的页数，即全书页数。解决这个问题的步骤可按如下描述。

（1）确定迭代公式：令 x_i 为小明第 i 天读书前剩余的页数，可知：$x_i=(x_{i+1}+2)\times 2$ 。

（2）确定初始条件：由题可知，迭代的初始条件为 x_6=3。

（3）确定本题的目标，即迭代结束的条件：求得第 1 天小明读书之前书剩余的页数，即 x_1，也就是全书的总页数。

至此，这个问题的解法已经非常明确了，令 x_6=3，代入迭代公式 $x_i=(x_{i+1}+2)\times 2$ ，求得 x_5，再把 x_5 代入迭代公式 $x_i=(x_{i+1}+2)\times 2$ ，求得 x_4，以此类推，相同的操作执行 5 次，就可以求出 x_1。很显然，需要构造一个循环。

观察迭代公式，如果去掉迭代公式中的下标，迭代公式变成 $x=(x+2)\times 2$，初始化 x 为 3，通过构造循环执行公式 $x=(x+2)\times 2$ 五次，就可以得到结果了。这就是迭代。$x=(x+2)\times 2$ 称为迭代公式，x 称为迭代变量。通过迭代公式，不断用迭代变量的旧值迭代出迭代变量的新值，用迭代变量的新值替换迭代变量旧值的这个过程，称为迭代过程，通常由循环实现。

那么，循环几次呢？对于迭代算法，要控制迭代过程的结束，不能让迭代过程无休止地重复执行下去。迭代过程的控制通常有两种情况，一种是所需的迭代次数是确定的值，可以计算出来。例如，小明读书的问题，可以算出需要迭代 5 次。这种情况，构建一个固定次数的循环，可以实现迭代过程的控制。另一种是所需的迭代次数无法确定，需要分析结束迭代过程的条件，不同的问题，迭代过程的结束条件不同。例如，辗转相除法求两个正整数的最大公约数，迭代过程的结束条件是余数为零。这种情况，构建一个 while 条件循环即可实现迭代过程的控制。

经过分析，小明读书的算法描述如下：

（1）$x=3$；

（2）重复执行 $x=(x+2)\times2$ 五次；

（3）输出 x。

【参考代码】

ex3-25.py

```
x=3
for i in range(5,0,-1):
    x=(x+2)*2
print("小明读的书共",x,"页")
```

【运行结果】

```
小明读的书共 220 页
```

【解析】

例 3-25 的程序的循环变量 i 从 5 到 1 逆向变化，目的是在 i 值下求得的 x 正好是第 i 天小明未读书前书的页数。

综上所述，迭代算法是从一个初始值出发，利用迭代公式，不断用变量的旧值递推出新值的求解问题的过程。累加、累乘等都是迭代算法的基础应用。利用迭代算法的解题步骤如下。

（1）确定迭代变量。

（2）建立迭代关系，确定迭代公式。

（3）确定迭代结束条件。

【例 3-26】斐波那契数列（Fibonacci sequence），又称黄金分割数列，指的是这样一个数列：1、1、2、3、5、8、13、21、34、…。在数学上，斐波那契数列以如下递推的方法定义，编写程序，求出第 20 项斐波那契数列元素。

$$\begin{cases} F(1)=1 \\ F(2)=1 \\ F(n)=F(n-1)+F(n-2) \qquad (n\geqslant 3) \end{cases}$$

由题目描述可得如下 4 个条件。

（1）需要 3 个迭代变量：f1、f2、f3。

（2）迭代公式：f3=f2+f1。

（3）迭代初始条件：f1=1，f2=1。

（4）迭代结束条件：求得第 20 项，循环 18 次。

【参考代码】

ex3-26.py

```
f1=1
f2=1
for i in range(3,21):
    f3=f1+f2
    f1=f2
    f2=f3
print(f3)
```

【运行结果】

```
6765
```

【例 3-27】输入正数 a，利用迭代法求 $\sqrt{a}$，迭代公式为 $x=(x+a/x)/2$，x 的初始值为 $a/2$，要求结果精确到小数点后六位。

【解析】

这个题目已经给出了迭代公式，也给出了迭代变量和迭代初始值，迭代结束条件是什么呢？“结果精确到小数点后六位”的意思是，程序求出的 $\sqrt{a}$ 的近似值 x 与 $\sqrt{a}$ 真值的差的绝对值要小于 10^{-6}，而 $\sqrt{a}$ 就是需要求解的值，因此这个差是无从求起的。但是，当程序计算的近似值 x 趋近 $\sqrt{a}$ 真值时，相邻两个近似值也逐渐趋近，当相邻两个近似值差的绝对值小于 10^{-6} 时，$\sqrt{a}$ 的近似值 x 与 $\sqrt{a}$ 真值的差的绝对值一定也小于 10^{-6}。因此，迭代结束的条件采用相邻两个近似值的差的绝对值。程序中需要保留两个近似值，可以设计两个迭代变量。算法描述如下。

（1）迭代变量需要两个：x1、x2。

（2）迭代公式：x2=(x1+a/x1)/2。

（3）迭代初始条件：为了构造循环，令 x2=a/2，x1=0。

（4）迭代结束条件：abs(x2−x1)＜10^{-6}。

【参考代码】

ex3-27.py

```
a=eval(input("请输入 a:"))
x1=0
x2=a/2
while abs(x2-x1)>0.000001:
    x1=x2
    x2=(x1+a/x1)/2
print(round(x2,6))
```

【运行结果】

```
请输入 a:12345
111.108056
```

【解析】

注意：根据题意，迭代的初始值为 a/2，程序中把 x2 初始化为 a/2，而不是把 x1 初始化为 a/2，是为了凑 while 循环结构的形式。

3.8　实例 猜数游戏

【例 3-28】猜数游戏。随机产生一个 1000（包括 1000）以内的正整数 x，让玩家猜。如果玩家猜的数大于 x，提示“大了，请重新输入您猜的数（退出游戏请输入 q）:”；如果玩家猜的数小于 x，提示“小了，请重新输入您猜的数（退出游戏请输入 q）:”；如果用户猜中了，提示“您猜对了”。游戏结束的方式有两种，用户输入“q”或者用户猜中了。

【参考代码】

ex3-28.py

```
import random
x=random.randint(1,1000)
y=input("请输入你猜的数(退出游戏请输入q): ")
while y!="q":
    y=int(y)
    if y>x:
       y=input("大了，请重新输入您猜的数(退出游戏请输入q): ")
    elif y<x:
       y=input("小了，请重新输入您猜的数(退出游戏请输入q): ")
    else :
       print("您猜对了")
       y="q"
```

【运行结果】

```
请输入您猜的数(退出游戏请输入q): 300
大了，请重新输入您猜的数(退出游戏请输入q): 20
小了，请重新输入您猜的数(退出游戏请输入q): 39
你猜对了
```

3.9 本章小结

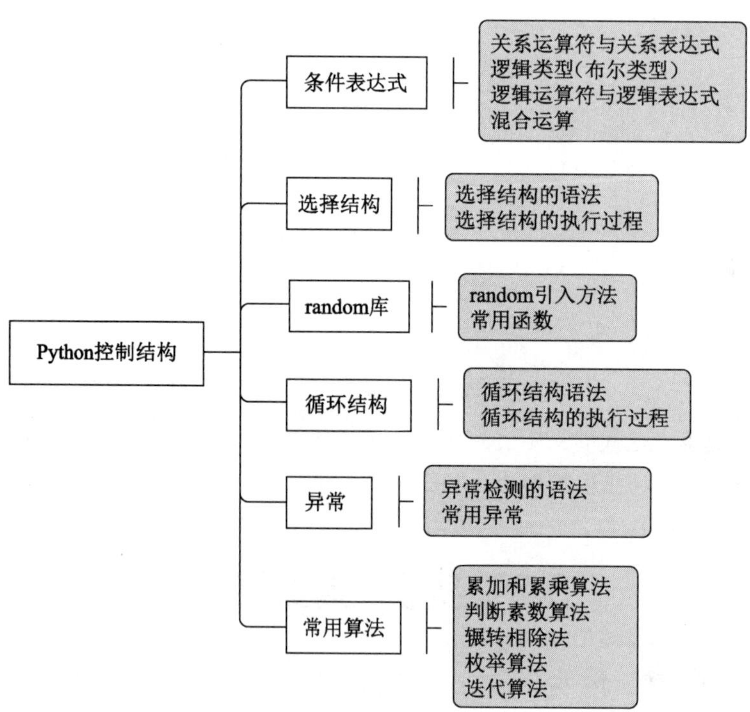

课后习题

一、选择题

1. 下面的循环语句，循环次数与其他语句不同的是________。

A.
```
i=10
while(i<=10):
  print(i,end=' ')
  i=i+1
```

B.
```
i=10
while(i>0):
  print(i,end=' ')
  i=i-1
```

C.
```
for i in range(10):
  print(i,end=' ')
```

D.
```
for i in range(10,0,-1):
  print(i,end=' ')
```

2. 下列程序的执行结果是________。

```
x=2
y=2.0
if(x==y):
    print('Equal')
else:
    print('Not Equal')
```

A. Not Equal　　B. 语法错误　　C. 运行错误　　D. Equal

3. 下列程序的执行结果是________。

```
i=1
if(i):
   print(True)
else:
   print(False)
```

A. 1　　B. True　　C. 错误　　D. False

4. 下面程序求两个数 x 和 y 中的大数，哪个是不正确的________。

A.
```
maxnum=x if x>y else y
```

B.
```
maxnum=math.max(x,y)
```

C.
```
if(x>y):
  maxnum=x
else:
  maxnum=y
```

D.
```
if(y>=x):
  maxnum=y
maxnum=x
```

5. 以下结构中，哪个不能完成 1 到 10 的累加________。

A.
```
for i in range(10,0):
  total+=i
```

B.
```
for i in range(1,11):
  total+=i
```

C.
```
for i in range(10,0,-1):
  total+=i
```

D.
```
for i in (10,9,8,7,6,5,4,3,2,1):
  total+=i
```

6. 用 if 语句表示如下分段函数 $f(x)$，下面不正确的程序是________。

$$f(x)=\begin{cases}2x+1, & x\geqslant 1\\ \dfrac{3x}{x-1}, & x<1\end{cases}$$

A.

```
if(x>=1):
    f=2*x+1
f=3*x/(x-1)
```

B.

```
if(x>=1):
    f=2*x+1
if(x<1):
    f=3*x/(x-1)
```

C.

```
f=3*x/(x-1)
if(x>=1):
    f=2*x+1
```

D.

```
if(x<1):
    f=3*x/(x-1)
else:
    f=2*x+1
```

7. 常规异常的基类是________。

A. Exception　　B. Error　　C. Base　　D. Try

8. NameError 是________异常。

A. 语法异常　　B. 类型无效异常　　C. 除数为 0 异常　　D. 未声明对象异常

二、填空

1. 假设 a=4、b=5，写出下面表达式运算结果。

序　号	表 达 式	结　果
（1）	a>=b>=0	
（2）	a<=b>=0	
（3）	a!=b==5	
（4）	a!=0<b==0	

2. 计算下列表达式的值，设 x=2，y=3，z=4。

序　号	表 达 式	表达式的值
（1）	x>y and y<z	
（2）	x<y or y<z	
（3）	not(x<y)	
（4）	not x<y<z	
（5）	(not x)<y<z	

3. 计算下列表达式的值。如果表达式出错，说出错误原因。

序　号	表 达 式	表达式的值
（1）	10+5//3-True+False	
（2）	0 and 1 or not 2<True	
（3）	5<True and False	
（4）	"abc"<False	

续表

序　号	表　达　式	表达式的值
(5)	"abc"<False+3	
(6)	5 and False	
(7)	False and 5	
(8)	True and 5	
(9)	5 and True	
(10)	3+5 or False	

4. 计算下列表达式的值。

序　号	表　达　式	表达式的值
(1)	"a">"A"	
(2)	"A">"0"	
(3)	"OMZD">"ONG"	
(4)	"UNIX"<"UZ"	

5. 下列程序的运行结果是________________。

```
x=False
y=True
z=False
if x or y and z:
    print("yes")
else:
    print("no")
```

6. 下列程序的运行结果是____________。

```
x=True
y=False
z=True
if not x or y:
    print(1)
elif not x or not y and z:
    print(2)
elif not x or y or not y and x:
    print(3)
else:
    print(4)
```

7. 下列程序打印____行，每行打印的结果是________________________。

```
for i in range(4):
    print(i,end="*")
print()
print(i)
```

8. 下列程序打印____行，每行打印的结果是________________________。

```
for i in range(4):
    print(i,end=",")
    i=i+1
```

9. 下列程序打印的结果是____________________。

```
for i in range(1,10,2):
    i=i+1
    print(i,end=",")
```

10. 下列程序的打印结果是____________________。

```
for i in range(10):
    if i%2==0:
        continue
    print(i,end=",")
```

11. 下列程序的打印结果是____________________。

```
i=5
while i>0:
    print(i,end=",")
    i=i-1
else:
    print("正常退出了循环")
```

12. 下列程序的打印结果是____________________。

```
i=1
while i<7:
    i=i+1
    if i%4==0:
        print(i,end=",")
        break
    else:
        i=i+2
        print(i,end=",")
else:
    print("正常退出","i=",i)
```

13. 下列程序的打印结果是____________________。

```
i=1
while i<7:
    i=i+1
    if i%4==0:
        print(i)
        break
    else:
        i=i+1
        print(i,end=",")
else:
    print("正常退出",i)
```

14. 下列程序的打印结果是____________________。

```
k=50
while k>1:
    print(k,end=",")
    k=k//2
```

15. 下列程序实现成绩等级判定，成绩的等级分段函数如下，完善程序。

$$grade=\begin{cases} A & score \geqslant 90 \\ B & 90 > score \geqslant 80 \\ C & 80 > score \geqslant 70 \\ D & 70 > score \geqslant 60 \\ E & score < 60 \end{cases}$$

```
score=eval(input(("请输入成绩: ")))
if score>=90:
    grade="A"
elif ___(1)___
    grade="B"
elif ___(2)___
    grade="C"
elif ___(3)___
    grade="D"
else:
    grade="E"
print("成绩等级时: ",grade)
```

16. 根据斐波那契数列的定义，$f_1 = 1, f_2 = 1, f_n = f_{n-1} + f_{n-2}$（$n$>=3），下面的程序输出斐波那契数列的前 20 项（包括第 20 项），各项数据之间以逗号相隔。把程序补充完整。

```
a,b=1,1
i=3
print(a,b,sep=", ",end=", ")
while___(1)___
    a,b=b,a+b
   ___(2)___
    i=i+1
```

17. 质因数分解，输入一个数 x，求它的质因数。如输入 60，则得到 60=2×2×3×5，完善程序。

```
x=eval(input("请输入小于 1000 的整数: "))
k=2
print(x,"=",end="")
while x>1:
    if ___(1)___
        print(k,end="")
       ___(2)___
        if x>1:
            print("*",end="")
    else:
        k=k+1
```

18. 下列程序的功能是：随机生成一个四位自然数 x，判断 x 是否为素数，完善程序。

```
import random
import math
x=____(1)____
print(x)
flag=True
for i in range(2,math.ceil(math.sqrt(x))+1):
    if x%i==0:
        ____(2)____
if____(3)____
    print(x,"是素数")
else:
    print(x,"是合数")
```

三、编程题

1. 某商场，“双十一”促销，购物打折。1000 元以上（包括 1000 元），打九五折；2000 元以上（包括 2000 元），打九折；3000 元以上（包括 3000 元），打八五折；5000 元以上（包括 5000 元），打八折。编程实现输入购买金额，输出实付金额，结果保留两位小数。

2. 产生 3 个三位随机整数，按从小到大排列并输出。

3. 编写程序，计算 10+9+8+⋯+1。

4. 编写程序，计算 S=1-3+5-7+9-11⋯，其中项数由用户输入。

5. 编写程序，求 2！+4！+6！+8！+10！。

6. 编写程序，提示用户输入数 x，判断 x 是否能同时被 5 和 7 整除，如果不可以，则输出“x 不能同时被 5 和 7 整除”；否则输出“x 能同时被 5 和 7 整除”。一次运行，用户可以多次输入数据，并给出结果，直到用户输入“quit”为止。

第4章 组合数据类型

学习目标

- 掌握字符串的表示、创建、操作和方法
- 掌握列表的表示、创建、操作和方法
- 理解元组的表示、创建和操作
- 掌握序列类型的特征和通用函数
- 掌握字典的创建、操作和方法
- 了解集合的创建和操作
- 了解 datetime 库的意义及应用

前面章节已经介绍了 Python 中的基本数据类型，但是如果需要处理一组数据，例如，记录本学期某班所有学生的 5 门课的成绩信息，然后计算每个学生的平均成绩，并给出平均成绩最高和最低两位学生的姓名。在这种情况下，需要保存较多数据，且数据之间存在关联，使用基本数据类型会非常复杂且混乱。

Python 提供了丰富的组合数据类型，它们包含了数据的组织和操作，这样存储和处理数据时就有更多的选择，也使上述问题的实现变得简单。

Python 中的组合数据类型包括序列类型、字典和集合等。

本章介绍的这些类型对象都是可迭代（iterable）的，可迭代对象理解为能遍历该对象的每个元素，或理解为能用 for 循环进行操作的对象。

4.1 序列

序列（sequence）是 Python 中重要的数据类型，它是按照先后顺序将一组元素组织在一起。序列中的每个元素都有一个和位置相关的序号，称为索引。通过索引可以访问序列元素，从而进行各种处理。Python 中的序列包括字符串、列表和元组。

4.1.1 字符串

字符串是程序设计中常见且重要的数据类型，是由 0 个或多个字符组成的有序字符序列。在 Python 中，几乎每个程序都会使用字符串。

1. 字符串类型的表示

在 Python 中，可以用一对单引号或者一对双引号来表示字符串，这样便能表示单行字符串。可以将字符串直接赋值给变量，完成创建。例如：

```
>>> astr='simple is better'
>>> astr
'simple is better'
```

字符串还可以用一对三单引号或者一对三双引号表示，可以表示多行字符串。例如：

```
>>> bstr='''explicit
is
better'''
>>> bstr
'explicit\nis\nbetter'
```

变量 bstr 的赋值使用一对三单引号，将字符串分为多行显示。输出 bstr 时看到的是它实际存储的内容，其中的“\n”表示换行符。这种表示法不需要特别记忆“\n”转义符的功能，使得字符串的使用更为简单。

字符串表示的几点说明如下。

（1）在 Python 中，可以使用上述 4 种方法表示字符串，效果是相同的。之所以有多种表示方法，主要是为了解决字符串中出现单引号或双引号的情况。例如，字符串中使用单引号就可以用双引号来标识字符串，不需要特别处理，反之亦然。因此，Python 中的字符串处理更方便、更简洁。例如：

```
>>> cstr="I'm a student."
>>> cstr
"I'm a student."
>>> dstr='As the saying goes: "no pains, no gains"'
>>> dstr
'As the saying goes: "no pains, no gains"'
```

（2）字符串数据类型是不可变的。字符串分配内存空间后，内容是不可修改的。例如：

```
>>> estr='hello'
>>> estr[0]='H'
Traceback (most recent call last):
  File "<pyshell#12>", line 1, in <module>
    estr[0]='H'
TypeError: 'str' object does not support item assignment
```

上述代码试图利用索引修改字符串 estr 的第 1 个字符，运行结果提示出错。字符串的不可变性使得它不能直接删除其中的字符。如果要删除所有字符，可以将一空字符串赋值给原字符串变量。例如：

```
>>> estr=''
>>> estr
''
```

（3）三引号表示的字符串可以作为注释。注释用于描述重要变量含义或程序功能，不影响程序运行结果。

（4）可以使用 str() 函数创建字符串。str() 函数可以把括号中传递的参数转换成字符串类型。例如：

```
>>> str(23.5)
'23.5'
```

上述代码将数值型数据 23.5 转换为字符串型 '23.5'。

2. 字符串的操作

Python 提供了 5 种序列类型的基本操作，均可用于字符串操作，如表 4-1 所示。

表 4-1　序列类型的基本操作符

操 作 符	说　明
s[i]	索引
s[n1:n2]	切片
s*n	重复
s1+s2	连接
x in s x not in s	判断成员

1）索引

字符串中的每个字符称为元素，每个元素可以通过索引（index）进行访问。索引值使用方括号“[]”表示。语法格式如下：

```
sequence[index]
```

字符串从左向右正向对每个字符进行编号，对于一个有 N 个元素的字符串来说，第 1 个元素的索引值为 0（注意：不是从 1 开始），第 2 个元素的索引值就是 1，…，最后一个元素的索引就是 N−1。

字符串也可以从右向左反向对每个字符进行编号，那么对于一个有 N 个元素的字符串来说，最后一个元素的索引值是−1，倒数第 2 个元素的索引值是−2，…，第 1 个元素的索引值是−N（如图 4-1 所示）。

正向索引	0	1	2	3	4	5	6	7	8	9	10	11
	H	e	l	l	o	,	w	o	r	l	d	!
反向索引	−12	−11	−10	−9	−8	−7	−6	−5	−4	−3	−2	−1

图 4-1　字符串的索引

访问字符串的某个字符可以使用索引。例如：

```
>>> astr='simple is better'
>>> astr[1]
'i'
```

2）切片

如果访问字符串中的多个元素，可以通过序列类型的切片操作实现。语法格式如下：

```
sequence[startindex:endindex]
```

其中，startindex 表示切片的起始索引值，所指字符包括在切片结果中；而 cndindex 表示切片的结束索引值，所指字符不包括在切片中。如果 startindex 和 endindex 都在序列的索引值范围内，切片结果的元素个数是 endindex-startindex 个。

例如：

```
>>> astr='simple is better'
>>> astr[7:9]
'is'
```

astr 是一个字符串，通过切片操作返回索引值为 7 至索引值为 8 的 2 个字符。

下面介绍切片的高级用法。startindex 可以省略，省略则表示至开头；endindex 也可省略，省略则表示至结尾。例如：

```
>>> astr[:6]
'simple'
```

上述切片表示从头开始，到索引值为 5 的元素共 6 个字符。

```
>>> astr[-6:]
'better'
```

上述切片表示从索引值为-6 的元素到最后一个元素，共 6 个字符。

注意区别：astr[-6:-1]表示的切片结果不包括最后一个字符，只有 5 个元素，即'bette'。

```
>>> astr[:]
'simple is better'
```

上述切片表示从头开始到最后一个元素，相当于复制整个字符串。

切片操作还可以提供步长的选择。语法格式如下：

```
sequence[startindex:endindex:steps]
```

其中，steps 表示的是切片时遍历元素的步长，如果省略，则默认步长为 1；如果步长＞0，从左向右进行切片，否则结果为空；如果步长＜0，从右向左进行切片，否则结果为空。例如：

```
>>> astr='simple is better'
>>> astr[::2]
'sml sbte'
```

上述切片步长为 2 从左向右遍历整个字符串，返回第 0、2、4、6、8、10、12、14 个字符。

```
>>> astr[5:1:-2]
'ep'
```

这里的切片表示从右向左按步长为 2 遍历字符串的一部分。

思考一下：如何利用切片操作获得一个字符串的逆序？ 使用 astr[::-1]即可获得。

3）重复

复制 *n* 次字符串，可以使用重复运算符“*”实现，语法格式如下：

```
sequence*n 或者 n*sequence （n 是复制的份数,必须为整数）
```

例如：

```
>>> 'apple'*3
'appleappleapple'
```

4）连接

将两个字符串连接可使用连接运算符“+”实现，语法格式如下：

```
sequence1+sequence2
```

例如：

```
>>> s1='pine'
>>> s2='apple'
>>> s1+s2
'pineapple'
```

连接操作必须保证参与连接运算的两个序列是同一种类型。

5）判断成员

判断一个字符串是否为另一个字符串的子串，返回值为逻辑类型 True 或 False。语法格式如下：

```
obj in sequence
obj not in sequence
```

例如：

```
>>> astr='simple is better'
>>> 'is' in astr
True
```

【例 4-1】用户输入一个 1～7 的整数，请输出对应为星期几的缩写。

【参考代码】

ex4-1.py

```
weekstr='SunMonTueWedThuFriSat'
n=eval(input('Please input an integer(1-7):'))
if 1<=n<=6:
    pos=n*3
    print('Today is '+ weekstr[pos:pos+3]+'.')
elif n== 7:
    print('Today is ',weekstr[0:3]+'.')
else:
    print('Input error!')
```

【运行结果】

```
Please input an integer(1-7):3
Today is Wed.
```

例 4-1 用字符串存储星期的英文缩写，利用切片实现缩写的输出，对于星期日给出单独的分支处理。

3. 转义符

反斜杠“\”在 Python 中有转义的功能，结合字符主要实现格式控制，如表 4-2 所示。

表 4-2 常见转义符

字 符	说 明
“\0”	空字符
“\t”	横向制表符
“\n”	换行
“\r”	回车
“\"”	双引号
“\'”	单引号
“\\”	反斜杠
“\” (在行尾时)	续行符
“\000”	ASCII 值为八进制数 000 的字符
“\xhh”	ASCII 值为十六进制数 hh 的字符

转义符可还原特定字符的原始含义，例如，“\"”表示双引号字符。

转义符可以实现不同进制数值的表示。例如：

```
>>> fstr='\101\t\x41\n'
>>> print(fstr)
A   A
```

说明： Python 中还可以使用原始字符串操作符“r”或“R”，用于不需要转义字符起作用的地方，这种方法主要用于正则表达式、文件路径等。例如：

```
>>> gstr =r'd:\python\n.py'
>>> gstr
'd:\\python\\n.py'
>>> print(gstr)
d:\python\n.py
```

gstr 中的反斜杠不再表示转义，“\n”也不是换行符，都是普通字符。这种设计大大简化了输入字符串时的复杂度。

4. 字符串的方法

字符串类型的操作还有更丰富的方法，方法是指一段封装的代码，必须通过对象名来调用，实现特定功能。语法格式如下：

对象名.方法名(参数)

字符串的常用方法如表 4-3 所示，在 Python 交互方式中输入“dir(str)”命令可以查看。

表 4-3　字符串方法

方　法	功　能
S.capitalize()	返回只有首字母为大写字母的字符串
S.center(width[,fillstr])	返回一个在长度为 width 参数规定的、宽度居中的字符串，左右用 fillstr 填充
S.count(sub[,start[,end]])	返回子字符串 sub 在字符串中出现的次数，start 表示查找的起始位置，end 表示结束位置
S.endswith(suffix[,start[,end]])	判断字符串是否以 suffix 结尾，返回 True 或 False。start 表示判断的起始位置，end 表示结束位置
S.find(sub[,start[,end]])	返回在字符串 S[start:end)中子字符串 sub 出现的第 1 个位置，若没有找到，则返回-1
S.format()	字符串格式化输出
S.index(sub[,start[,end]])	与 find()方法类似,返回子串 sub 出现的第 1 个位置，没有找到时会产生异常
S.isalnum()	判断字符串是否全部都由字母和数字组成。若是，则返回 True；否则，返回 False
S.isalpha()	判断字符串是否全部由字母组成。若是，则返回 True；否则，返回 False
S.islower()	判断字符串中所有字符是否都是小写。若是，则返回 True；否则，返回 False
S.isspace()	判断字符串是否全部都由空格组成。若是，则返回 True；否则，返回 False
S.istitle()	判断字符串中所有单词的首字母是否都为大写。若是，则返回 True；否则，返回 False
S.isupper()	判断字符串中所有字符是否都是大写。若是，则返回 True；否则，返回 False
S.join(iter)	返回一个字符串以字符串 S 为连接符，将 iter 中的元素以字符串形式连接起来
S.ljust(width)	返回字符串，原字符串左对齐，右侧用空格填充至长度 width
S.lower()	将字符串中所有大写字母改成小写字母
S.lstrip()	去掉字符串中左边的空白字符（如空格、换行等）
S.partition(str)	在字符串中找到 str 第 1 次出现的位置，返回 1 个三元素的元组(str 左边的子串,str,str 右边的子串)
S.replace(old,new[,count])	将字符串中的子串 old 替换成 new，如果指定 count，则替换次数不超过 count

续表

方　法	功　能
S.rfind()	类似于 find()方法，但从右边开始查找
S.rindex()	类似于 index()方法，但从右边开始查找
S.rjust(width)	返回字符串，原字符串右对齐，左侧用空格填充至长度 width
S.rpartition()	类似于 partition()方法，但从右边开始查找
S.rstrip()	去掉字符串中右边的空白字符（如空格、换行等）
S.split([sep[,maxsplit]])	以 sep 为分隔符对字符串进行分割，将其分成若干元素，返回这些元素组成的列表。maxsplit 用于指定最大元素个数
S.splitlines(num)	按照字符串的行进行分隔，返回以行作为元素的列表
S.startswith(prefix[,start[,end]])	判断字符串是否以 prefix 作为首字母。若是，则返回 True；否则，返回 False
S.strip()	同时去掉字符串左边和右边的空白字符（如空格、换行等）
S.swapcase()	字符串中的大小写字母互换
S.title()	返回一个将原字符串所有单词首字母都大写，其余字母都小写的字符串
S.translate(table)	根据 table 翻译表将原字符串中的字符进行翻译，返回翻译后的字符串
S.upper()	将字符串中所有小写字母转成大写字母
S.zfill(width)	返回长度为 width 的字符串，原字符串右对齐，左侧用“0”填充

下面分类介绍字符串的 5 个重要方法及使用。

1）格式控制：S.lower()、S.upper()和 S.center(width)

```
>>> astr="Python"
>>> astr.lower()
'python'
>>> astr.upper()
'PYTHON'
>>> astr.center(11)
'   Python   '
>>> astr
'Python'
```

其中，S.center()方法将字符串 astr 按照参数 11 作为宽度值居中显示。

2）查找：S.find()、S.index()和 S.count()

S.find(sub[,start[,end]])方法实现查找子串 sub，返回子串在字符串 S 中第 1 次出现的位置，查找子串区分大小写。参数 start 和 end 可选。例如：

```
>>> bstr='No pains, No gains.'
>>> bstr.find('No')
0
>>> bstr.find('no')
-1
```

在字符串 bstr 中查找子串'No'，返回出现的第 1 个位置，即为索引值 0。如果查找子串'no'，由于查找区分大小写，因此找不到该子串，返回值为-1。

```
>>> bstr.find('No',2)
10
>>> bstr.find('No',2,11)
-1
```

find()方法第 2 个参数和第 3 个参数的含义与切片操作一致。bstr.find('No',2)表示从第 3 个字符开始一直查找到 bstr 结尾，返回结果是子串查找范围内第 1 次出现的位置。bstr.find('No',2,11)表示的查找范围是从索引值为 2 的字符到索引值为 10（注意：不包括索引值为 11 的字符）的字符，即“ pains, N”，找不到子串“No”，则返回-1。

S.index(sub[,start[,end]])方法与 find()方法类似，也是在字符串 S 中查找子串第 1 次出现的位置，这两个方法的区别在于 index()方法在找不到子串时会产生 ValueError 异常。例如：

```
>>> bstr.index('no')
Traceback (most recent call last):
  File "<pyshell#36>", line 1, in <module>
    bstr.index('no')
ValueError: substring not found
```

S.count(sub[,start[,end]])方法返回子串 sub 在字符串 S 中出现的次数。例如：

```
>>> bstr='No pains, No gains.'
>>> bstr.count('no')
0
>>> bstr.count('No')
2
```

字符串中 bstr 包含子串“No”的数量为 2，这里子串的判断同样区分大小写。

3）连接：S.join()

S.join(iter)方法是以字符串 S 为分隔符，将 iter（即可迭代对象）中的元素连接起来，返回连接后的字符串。例如：

```
>>> cstr=' love '    #love 前后有空格
>>> cstr.join(['I','Python!'])
'I love Python!'
>>> '->'.join(('Mary','female','18'))
'Mary->female->18'
```

4）替换：S.replace()

S.replace(old, new[, count])方法将字符串 S 中的子串 old 全部替换为字符串 new，其他字符正常输出。例如：

```
>>> dstr='Hope is a good thing.'
>>> dstr.replace('Hope','Love')
'Love is a good thing.'
```

注意：replace()方法返回的是一个字符串副本，并没有改变原字符串内容。

5）分割：S.split()

S.split([sep])方法是利用 sep 字符来分割字符串 S，sep 如省略，则默认为空格，返回值是一个列表。例如：

```
>>> 'simple is better'.split()
['simple', 'is', 'better']
```

又如：

```
>>> dstr='I am a student.'
>>> dstr[:-1].split()
['I', 'am', 'a', 'student']
>>> dstr
'I am a student.'
```

上述代码利用切片删除最后的句号，然后用空格分割获得各个单词，形成列表作为返回值。但是，输出原字符串并未改变。

4.1.2 列表

列表是 Python 中非常灵活又经典的数据类型，列表与字符串一样也是序列类型。但列表是可变的序列类型，列表中的各元素可以是不同类型的数据，因此在使用上更加灵活。

1. 列表的表示与创建

列表用方括号“[]”表示。例如：

```
>>> List1=['P','y','t','h','o','n']
```

List1 是一个含有 6 个元素的列表。List1 中的元素都是字符，列表还可以包含不同类型的元素。例如：

```
>>> List2=[1,'08192037','Mike',19.1]
```

列表 List2 中包含了整型、字符串型、浮点型 3 种不同数据类型的数据。除了基本数据类型外，列表中还可以包含用户自定义的类型。列表的功能类似于数组，但列表中元素的类型不需要一致，而其他语言的数组类型（包括 Python 利用 array()函数创建的数组）都要求其所有元素的类型保持一致。

列表可以直接赋值或者利用 list()函数创建。例如：

```
>>> aList=[]
>>> bList=['08192037','Mike',19]
>>> cList=[x for x in range(1,10,2)]
>>> dList=list('Python')
>>> cList
[1, 3, 5, 7, 9]
>>> dList
['P', 'y', 't', 'h', 'o', 'n']
```

aList：通过一对空的方括号，创建一个空列表。

bList：通过直接赋值创建一个包含不同类型元素的列表。

cList：通过一个列表解析语句生成一个序列，并返回列表。

dList：通过内置 list()函数将其他可迭代对象（如字符串）转换成列表。

2. 列表的操作

列表作为一种序列类型，前面介绍的字符串中的序列操作都适用于列表操作，且用法与字符串的操作一致。具体包括索引、切片、重复、连接、判断成员等操作。下面以常用的切片操作为例，描述序列操作在列表中的使用，例如：

```
>>> eList=['Sun','Mon','Tue','Wed','Thu','Fri','Sat']
>>> eList[1:3]
['Mon', 'Tue']
```

上述切片操作可以获得 eList 中索引号为 1 和 2 的元素。

列表是可变类型，通过索引可以修改列表中某个元素内容，通过切片可以修改部分元素的内容。例如，下面代码通过对切片赋值，实现删除部分元素的功能。

```
>>> eList[0]='sun'
>>> eList
['sun', 'Mon', 'Tue', 'Wed', 'Thu', 'Fri', 'Sat']
>>> eList[1:2]=[]
>>> eList
['sun', 'Tue', 'Wed', 'Thu', 'Fri', 'Sat']
```

下面是用列表完成星期的转换程序。

【例 4-2】用户输入一个 1～7 的整数，请输出对应为星期几的缩写。

【参考代码】

ex4-2.py

```
weekList=['Sun','Mon','Tue','Wed','Thu','Fri','Sat']
n=eval(input('Please input an integer(1-7):'))
if 1<=n<=6:
    print('Today is ',weekList[n]+'.')
elif n== 7:
    print('Today is ',weekList[0]+'.')
else:
    print('Input error!')
```

【运行结果】

```
Please input an integer(1-7):3
Today is  Wed.
```

例 4-2 用列表存储星期的英文缩写，利用索引获取对应的缩写，对于星期日给出单独的分支处理。

3. 列表的方法

列表也有自己专属的方法。语法格式如下：

```
对象名.方法名(参数)
```

列表的常用方法如表 4-4 所示。

表 4-4　列表方法

方　法	功　能
L.append(x)	向列表尾部添加对象 x
L.copy()	生成一个列表的（浅）副本
L.count(x)	返回 x 在列表中出现的次数
L.clear()	删除列表中的所有元素
L.extend(t)	将可迭代对象 t 的每个元素依次添加到列表尾部
L.index(x[,i[,j]])	返回对象 x 在列表中的索引值，索引值查找范围为[i,j)
L.insert(i,x)	在列表中索引值为 i 的位置前插入对象 x
L.pop(i)	删除索引值为 i 的列表对象，i 省略时删除最后一个对象
L.remove(x)	删除第 1 个找到的对象 x
L.reverse()	翻转列表
L.sort(key=None,reverse=False)	将列表排序，key 用来指定排序的规则，reverse 用来指定排序的顺序，默认是递增排序

下面分类介绍列表的重要方法。

1）增加元素：L.append(x)和 L.extend(t)

这两种方法都是在列表的尾部添加元素。区别在于：append()方法是将参数“整个”添加到列表尾部；而 extend()方法是将参数（可迭代对象）的每个元素“单个”添加到列表尾部。例如：

```
>>> aList=[1,2,3]
>>> aList.append(4)
>>> aList
[1,2,3,4]
>>> bList=[1,2,3]
>>> bList.extend([4])
>>> bList
[1,2,3,4]
```

上述代码中，两种方法获得相同结果但传递参数不同，列表的extend()方法的参数必须是可迭代对象。例如：

```
>>> aList.append([5,6])
>>> aList
[1,2,3,4,[5,6]]
>>> bList.extend([5,6])
>>> bList
[1,2,3,4,5,6]
```

上述代码中，注意两种方法操作结果的区别。

例如：

```
>>> aList.append('Python!')
>>> aList
[1,2,3,4,[5,6],'Python!']
>>> bList.extend('Python!')
>>> bList
[1,2,3,4,5,6,'P','y','t','h','o','n','!']
```

2）删除元素：L.pop(i)、L.remove(x)和 L.clear()

pop(i)方法删除列表中索引值为 i 的元素，并返回删除的元素值。如果省略参数，则删除列表中最后一个元素，并返回删除的元素值。例如：

```
>>> cList=[5,6,7,8,9,10,5,6,7,8]
>>> cList.pop()
8
>>> cList.pop(5)
10
>>> cList
[5, 6, 7, 8, 9, 5, 6, 7]
```

上述代码中，pop()删除的是最后一个元素，pop(5)删除的是索引值为 5 的元素。

remove(x)方法删除指定元素 x，如果列表中有多个相同值的元素，则删除第 1 个，该方法没有返回值。例如：

```
>>> cList.remove(5)
>>> cList
[6, 7, 8, 9, 5, 6, 7]
```

remove(5)删除的是列表 cList 中第 1 个值为 5 的元素。

clear()方法很简单，没有参数，删除列表中所有元素，即为空列表。例如：

```
>>> cList.clear()
>>> cList
[]
```

3）复制列表：L.copy()

列表的 copy()方法实现复制整个列表。例如：

```
>>> a=[1,2,4]
>>> b=a.copy()
>>> b
[1, 2, 4]
>>> b[0]=2
>>> b
[2, 2, 4]
>>> a
[1, 2, 4]
```

上述代码可以得出：利用 copy()方法复制了一个新的列表并存储在 b 中。对变量 b 的修改不影响变量 a。

```
>>> c=a
>>> c
[1, 2, 4]
>>> c[0]=3
>>> c
[3, 2, 4]
>>> a
[3, 2, 4]
```

上述代码表明：如果使用赋值运算“c=a”创建一个新的列表 c，这与 copy()方法创建的列表不一样。此时，变量 c 和 a 引用的是同一个列表对象。因此，c 中的任何元素值发生改变，a 中的值均会随之变化。

但是，使用 copy()方法获得的列表是浅 copy，即只复制父对象（一级元素），不复制内部子对象。例如：

```
>>> a=[1,2,[3,4]]
>>> b=a.copy()    #b=a[:]也是浅 copy
>>> b
[1,2,[3,4]]
>>> b[0]=5
>>> b[2][0]=5
>>> b
[5,2,[5,4]]
>>> a
[1,2,[5,4]]
```

因为复制了一级元素，所以 b 修改 b[0]值时不会影响到 a。因为 copy 方法是浅 copy，没有复制二级元素，所以 b[2][0]与 a[2][0]是对同一对象的引用，因此修改 b[2][0]时，a[2][0]也会随之改变。

要想实现深 copy，既复制父对象也复制内部子对象，可用 copy 模块中 deepcopy()方法来实现。例如：

```
>>> import copy
>>> a=[1,2,[5,4]]
>>> c=copy.deepcopy(a)
>>> c
[1,2,[5,4]]
>>> c[0],c[2][0]=8,8
>>> c
[8, 2, [8, 4]]
>>> a
[1, 2, [5, 4]]
```

可以看到，因为 c 是 a 的深 copy，所以即使修改了 c 的二级元素也不会影响 a 中相应的元素。

4）翻转列表：L.reverse()

```
>>> weekList= ['Sun.', 'Mon.','Tues.','Wed.','Thur.','Fri.','Sat.']
>>> weekList.reverse()
>>> weekList
['Sat.','Fri.','Thur.','Wed.','Tues.','Mon.','Sun.']
```

reverse()方法把列表 weekList 原地翻转，改变了原列表内容。

5）元素排序：L.sort()

列表的 sort()方法可以对列表中的元素按照值从小到大的顺序进行排序。例如：

```
>>> dList=[9,9,10,7,8]
>>> dList.sort()
>>> dList
[7,8,9,9,10]
```

sort()方法有两个可选参数：reverse 和 key，其含义参看以下代码。例如：

```
>>> dList=[9,9,10,7,8]
>>> fruitList=['apple','banana','pear','lemon','avocado']
>>> dList.sort(reverse=True)
>>> dList
[10,9,9,8,7]
>>> fruitList.sort(key=len)
>>> fruitList
['pear','apple','lemon','banana','avocado']
```

对 dList 列表进行排序，如果需要从大到小输出，则设置参数 reverse=True。对 fruitList 列表中的元素默认按字符串大小返回，如按照长度进行排序，则设置参数 key，令 key=len()函数，获得元素长度。

列表是可变类型，它的方法如果改变列表，改变的结果都直接体现在原列表上。对比字符串，因为字符串是不可变类型，字符串的方法对原字符串都没有改变，操作的变化体现在返回的新字符串。

4.1.3　元组

元组也是一种序类型，和列表有相似的地方，都可以存储不同类型的数据对象。但是，列表是可变的，而元组是不可变的。因此，元组更适用于元素不需要改变或需要保护的场景。

1. 元组的表示与创建

元组用圆括号“()”表示，包含一组逗号分隔的数据。例如：

```
>>> aTuple=(1,2,3)
>>> aTuple
(1,2,3)
```

上述代码创建了一个有 3 个元素的元组 aTuple，还可以按照如下格式创建元组。

```
>>> k=1,2,3
>>> k
(1,2,3)
```

如果创建只有一个元素的元组时，需要输入一个元素值，然后再加一个逗号。例如：

```
>>> t=2020,
>>> t
(2020,)
```

2. 元组的操作

前面内容的介绍用于序列的操作，包括索引、切片、重复、连接、判断成员，同样适用于元组。例如：

```
>>> bTuple=(['Monday',1],2,3)
>>> len(bTuple)
3                    #bTuple 元组包含 3 个元素
>>> bTuple[0][1]
```

```
1
>>> bTuple[1:]
(2,3)
>>> bTuple*2
(['Monday', 1], 2, 3, ['Monday', 1], 2, 3)
>>> 1 in bTuple
False
>>> 2 in bTuple
True
```

3. 元组的其他特性和作用

元组是不可变类型，不能改变元组中元素的值。但是，元组中的可变元素仍然可变。例如：

```
>>> cTuple=(1,2,[3,4])
>>> cTuple[2]=[5,6]
Traceback(most recent call last):
  File "<pyshell#10>",line 1,in <module>
  cTuple[2]=[5,6]
TypeError:'tuple'object does not support item assignment
>>> cTuple[2][0]=5
>>> cTuple
(1,2,[5,4])
```

元组 cTuple 的索引值为 2 的元素是一个列表，列表整体作为元组的元素不能改变。但是，列表中的元素 cTuple[2][0]可以改变。

元组的作用体现在以下 3 个方面。

（1）元组可作为映射类型中的键。例如，元组可作为字典的键，参见本章 4.2 节字典相关内容。

（2）元组可作为函数的特殊类型的参数。例如，作为可变长参数，参见本书第 5 章函数相关内容。

（3）对于未明确定义的一组对象，或函数返回值是一组值时，Python 默认其类型为元组，参见本书第 5 章函数相关内容。

4.1.4 序列类型通用函数

前面内容介绍了不同序列类型各自的方法，使用“对象名.方法名()”来进行访问，每种序列除了特定的方法，还有通用的函数来实现各种常用功能。下面介绍一些常用的内置函数。

1. 类型转换内置函数

序列类型转换函数完成不同类型之间的转换，如表 4-5 所示。

表 4-5 序列类型转换函数

函　数	功　能
eval(exp)	返回表达式的计算结果
list(iter)	将可迭代对象 iter 转换成列表

续表

函　　数	功　　能
tuple(iter)	将可迭代对象 iter 转换成元组
str(obj)	将对象 obj 转换成字符串

例如：

```
>>> eval('2 + 2')
4
>>> list('Hello, World!')
['H','e','l','l','o',',',' ','W','o','r','l','d','!']
>>> tuple('hello')
('h','e','l','l','o')
>>> list((1,2,3))
[1,2,3]
>>> tuple([1,2,3])
(1,2,3)
>>> str(123)
'123'
```

str()函数可以把括号中的参数转换成字符串类型。如果参数是元组或列表，其成员是由字符组成的。str()函数的字符串并不能将元组中的字符元素合并，而是作为一个整体变为字符串。例如：

```
>>> str(('t','h','e'))
"('t','h','e')"
```

2. 其他常用内置函数

序列类型还有一些其他常用的内置函数，如表 4-6 所示。

表 4-6　序列类型的其他常用内置函数

函　　数	功　　能
len(sequence)	返回序列类型参数的元素个数，返回值为整型
sorted(iter[,key[,reverse]])	返回可迭代对象 iter 排序后的列表，key 用来指定排序的规则，reverse 用来指定是顺序排列还是逆序排列
reversed(sequence)	返回序列 sequence 翻转后的迭代器
sum(iter[,start])	将 iter 中的数值和 start 参数的值相加，返回浮点型数值
max(iter,*[,key,default])或 max(argl,arg2,* args[,key])	返回可迭代对象 iter 中的最大值，或者是若干迭代对象中有最大值的迭代对象
min(iter,*[,key,default])或 min(argl,arg2,*args[,key])	返回可迭代对象 iter 中的最小值，或者是若干迭代对象中有最小值的迭代对象
enumerate(iter[,start])	返回一个 enumerate 对象迭代器，该迭代器的元素是由参数 iter 元素的索引和元素值组成的元组
zip(iterl[,iter2[,⋯,itern]])	返回一个 zip 对象迭代器，该迭代器的第 n 个元素是由每个可迭代对象的第 n 个元素组成的元组

下面举例介绍表中函数。

1）序列长度：len()

```
>>> astr='Hello, World!'   #注意空格
>>> len(astr)
13
```

len()函数的返回值是字符串中的字符个数。

2）元素排序：sorted()

```
>>> nTuple=(3,2,5,1)
>>> sorted(nTuple)
[1, 2, 3, 5]

>>> nList=[3,2,5,1]
>>> sorted(nList)
[1,2,3,5]
>>> nList
[3,2,5,1]
```

sorted()函数返回的是一个排好序的新列表，原序列不变。

注意：列表的 sort()方法是对列表进行排序的，原列表的内容变为排序后的结果；而 sorted()函数可以用于所有序列类型，返回值是一个新的排好序的列表，而参数中的原类型没有任何变化，其中参数 key 和 reverse 含义同列表的 sort()方法的参数。

3）序列翻转：reversed()

```
>>> nList=[3,2,5,1]
>>> reversed(nList)
<list_reverseiterator object at 0x03B25FB8>
>>> list(reversed(nList))
[1, 5, 2, 3]
>>> nList
[3, 2, 5, 1]
```

reversed()函数返回的是一个迭代器，是原序列 nList 的翻转。迭代器可直接用于迭代，或使用类型函数转换为可显示类型。

注意：reversed()函数是序列类型的通用函数，返回的是序列翻转后的迭代器，原参数内容不变。而列表的 reverse()方法，是直接翻转原列表，改变原列表内容。

4）元素求和：sum()

```
>>> sum([1,2,3.5])
6.5
>>> sum(['a','b','c'])
Traceback(most recent call last):
File "<pyshell#3>",line 1,in <module>
sum(['a','b','c'])
TypeError:unsupported operand type(s)for+:'int'and'str'
```

sum()函数用于序列元素的相加，所以要求序列的元素类型必须都是数值类型，可以是整型和浮点型，返回值是浮点型。

5）元素最值：max()和 min()

```
>>> aList=['Mon.','Tues.','Wed.','Thur.','Fri.','Sat.','Sun.']
>>> max(aList)
'Wed.'
>>> max([1,4,3])
4
>>> max([1,5,9],[1,6,3])
[1, 6, 3]
```

max()函数返回参数的最大值，如果参数是一个可迭代对象，比较对象的每个元素，并返回最大值。

如果参数是多个可迭代对象，要求各个参数是可比较的，依次比较各个参数对应的每个元素。如果相同，则继续比较对应的下一个元素；如果不同，则返回当前最大值的对象。

min()函数和 max()函数类似，返回的是最小值或包含当前最小值的对象。

6）元素索引组合：enumerate()

enumerate()函数用于将一个可迭代对象的元素与其索引组合形成元组，这些元组形成 enumerate 对象作为返回值，返回值是一个迭代器。

```
>>> seasons=['Spring','Summer','Fall','Winter']
>>> list(enumerate(seasons))
[(0,'Spring'),(1,'Summer'),(2,'Fall'),(3,'Winter')]
>>> list(enumerate(seasons,start=1))
[(1,'Spring'),(2,'Summer'),(3,'Fall'),(4,'Winter')]
```

使用 enumerate()函数时，参数 start 可以省略，默认为元素的索引值，即从 0 开始。如果参数 start 被赋值，则从赋值数值开始依次与每个元素组合，如上述代码中的(1,'Spring')。

7）序列组合：zip()

```
>>> list(zip('hello','world'))
[('h','w'),('e','o'),('l','r'),('l','l'),('o','d')]
```

zip()函数拆分、重组参数列表中的 n 个迭代对象，返回值是一个迭代器。返回值中的第 i 个元素是由 n 个迭代器的第 i 个元素组成的元组。从代码执行结果来看，zip()函数就像一个拉链，把左边参数和右边参数拉起来合在一起变成一个个的元组元素。

注意：enumerate()函数和 zip()函数返回的都是迭代器，可以直接用于 for 循环，也可以通过类型转换函数，如 list()函数，将迭代器转换为序列对象，从而正常显示输出。

以上这些函数的正确使用可以大大简化 Python 程序的编写，并提高程序的运行效率。

4.2　映射-字典

Python 中的序列类型，可以通过序列中每个元素的索引进行访问，因此，可以理解为索引与值之间是一种映射。但是，索引从 0 开始，是固定不变的，如果需要特殊的索引，可以使用 Python 提供的独特数据类型——字典。字典建立对象的键与值之间的映射关系，通过键来访问值非常方便。

字典是 Python 中重要的数据结构，在实际应用中使用较为广泛，下面将介绍字典的基本功能和使用方法等内容。

4.2.1 字典的创建

先看下面这个场景需求，要保存若干学生的 Python 程序设计课程的成绩，包括学生姓名和成绩，使用列表进行构建，代码如下。

```
>>> names=['Malin','Zhangyue','Liuhao']
>>> scores=[95,78,86]
```

列表 names 中存放的是学生姓名，scores 中存放的是对应学生的 Python 成绩。如果想要输出“Malin”的 Python 成绩，可以使用如下语句：

```
>>> print(scores[names.index('Malin')])
95
```

这种方式显然并不方便，如果可以将“Malin”与“95”直接对应起来，显然更简洁、更好理解。Python 中的字典就可以实现这种结构。

1. 直接创建

字典是可迭代对象，是 Python 中内置的映射类型。通过花括号“{}”直接创建，每个元素用逗号“,”分隔，每个元素使用冒号“:”形成键值对(key-value)。其中，冒号前面是键，它是唯一的，可以是数字、字符串或元组等一些不可变的对象，字典使用键进行索引。例如：

```
>>> aScores={'Malin':95,'Zhangyue':78,'Liuhao':86}
```

aScores 中，'Malin'、'Zhangyue'和'Liuhao'就是键，通过键可以找到对应的值。

说明：Python 中用字典可以实现从键映射到值。映射类型通常被称作散列表，字典就是一种散列类型。散列表（Hash table，也叫哈希表）是根据关键码值直接进行访问的数据结构，加快了查找的速度。表示映射关系的函数称作散列函数，存放记录的数组称作散列表。

如果创建字典时使用空花括号，将创建空字典，例如：

```
>>> aScores={}
>>> aScores
{}
>>> type(aScores)
<class 'dict'>
```

2. 使用函数创建

字典可以用 dict()函数创建，dict()函数将序列类型的数据对象转换成字典。例如：

```
>>> scores=[('Malin',95),('Zhangyue',78),('Liuhao',86)]
>>> bScores=dict(scores)
>>> bScores
{'Malin': 95, 'Zhangyue': 78, 'Liuhao': 86}
>>> cScores= dict((('Malin',95),('Zhangyue',78),('Liuhao',86)))
>>> dScores= dict(Malin=95,Zhangyue=78,Liuhao=86)
```

上述代码中，通过 dict()函数将列表转换为字典赋值给 bScores。其中，列表中的每个对象都是元组对。通过 dict()函数将元组转换为字典赋值给 cScores，而 dScores 获得字典是通过 dict()函数将多个赋值语句转换而成的。

可以看出，只要参数之间存在映射关系就可以通过 dict()函数把它们转换成相应的键值对，从而生成字典。

3. 使用方法创建

字典可以用方法 fromkeys(seq[,value])来创建。例如，创建一个所有值都相等的字典：

```
>>> eScores={}.fromkeys(('Malin','Zhangyue','Liuhao'),90)
>>> eScores
{'Malin': 90, 'Zhangyue': 90, 'Liuhao': 90}
```

fromkeys()方法中的参数 seq 是可迭代对象，字典的键对应的值则为参数 value 的值。如果 value 值省略，则字典的值默认为 None。使用 fromkeys()方法可以实现默认值设置，这种方法较为简洁。

注意：由于字典元素是无序的，因此显示输出顺序不一定相同。

4.2.2　字典的基本操作

假设字典 aScores 为学生的 Python 程序设计课程成绩表：aScores={'Malin':95,'Zhangyue':78,'Liuhao':86}，下面介绍字典的一些基本操作。

1. 索引

字典不能通过索引值 0，1，…来找到某个元素的内容，在字典中通过键来确定相对应的值。例如：

```
>>> aScores['Liuhao']
86
```

可以通过学生姓名直接获得该学生的成绩。

2. 更新元素

字典可以更新键的值。例如：

```
>>> aScores['Liuhao']=90
>>> aScores
{'Malin': 95, 'Zhangyue': 78, 'Liuhao': 90}
```

注意：字典中的键是不能修改的，因为字典根据键查找值，如果键改变了，其对应的值也就无法查找了。不可变类型的数字和字符串可以作为字典的键，元组也可作为键，但必须限制元组中的各级元素均是不可变的。而列表和字典不能作为键。

3. 添加元素

通过对一个新的字典的键进行赋值，可以实现添加字典元素的功能。例如：

```
>>> aScores['Wangbing']=100
>>> aScores
```

```
{'Malin': 95, 'Zhangyue': 78, 'Liuhao': 90, 'Wangbing': 100}
```

对新的键“Wangbing”直接赋值 100，aScores 中就添加了一个键值对('Wangbing':100)。

4. 成员判断

要判断某个学生是否在该学生成绩表中，可以使用成员对象运算符“in”来实现。例如：

```
>>> 'Zhangyue'in aScores
True
```

查找需要判断的键，如果存在字典中，返回 True；否则返回 False。

5. 元素个数

len()函数返回字典中键值对的个数，例如：

```
>>> len(aScores)
4
```

6. 删除元素

使用 del 语句可以删除字典中的元素。例如：

```
>>> del aScores['Malin']
>>> aScores
{'Zhangyue': 78, 'Liuhao': 90, 'Wangbing': 100}
```

上述 del 语句删除了 aScores 中的键值对“'Malin':95”。

使用 del 还可以删除整个字典，但这种操作并不常用。例如：

```
>>> del aScores
>>> aScores
Traceback (most recent call last):
  File "<pyshell#16>", line 1, in <module>
    aScores
NameError: name 'aScores' is not defined
```

4.2.3 字典的方法

与序列类型一样，字典也有自己的方法。字典的常用方法如表 4-7 所示。

表 4-7 字典的方法

方 法	功 能
D.keys()	返回字典 D 的键的列表
D.values()	返回字典 D 的值的列表
D.items()	返回字典 D 的键值对（元组）构成的列表
D.get(key,default=None)	返回键 key 对应的值，如果该键不存在，则返回 default 值
D.copy()	返回 D 的副本
D.pop(key[,default])	返回键 key 对应的值，并将该键值对在字典中删除
D.clear()	删除字典 D 中的所有元素，D 成为空字典

续表

方 法	功 能
D.update(dict1)	将 dict1 中的键值对添加到 D 中，如果键已存在，则更新键对应的值
D.setdefault(key,default=None)	如果键 key 在字典 D 中，则与字典的 get()方法一样，返回键 key 对应的值；如果键 key 不在字典 D 中，则将 key 的值设置为 default 参数的值；如果没有 default 参数，则设置为 None，新的键值对加入字典 D 中
D.fromkeys(seq,val=None)	创建并返回一个新字典，由 seq 中的元素作为键，val 为所有键的值，如果不设置 val 参数，则值均为 None

下面分类介绍字典中常用的方法。

1. keys()、values()和 items()

keys()方法返回字典的所有键，values()方法返回字典的所有值，items()方法返回字典的所有键值对。例如：

```
>>> aScores={'Malin': 95, 'Zhangyue': 78, 'Liuhao': 90 }
>>> aScores.keys()
dict_keys(['Malin', 'Zhangyue', 'Liuhao'])
>>> aScores.values()
dict_values([95, 78, 90])
>>> aScores.items()
dict_items([('Malin', 95), ('Zhangyue', 78), ('Liuhao', 90)])
```

字典中的元素是无序存储的，可以使用 sorted()函数对字典进行排序。例如：

```
>>> sorted(aScores)
['Liuhao', 'Malin', 'Zhangyue']
```

上述代码的排序结果只对字典的键进行排序。

如果对字典的值或键值对排序，也可以使用 sorted()函数，返回值为列表类型。例如：

```
>>> sorted(aScores.items())
[('Liuhao', 90), ('Malin', 95), ('Zhangyue', 78)]
```

2. get()和 setdefault()

get()方法可以返回键对应的值。当然，使用索引也可获得键对应的值，两者的区别在于：当键在字典中不存在时，索引访问会报错，而 get()方法会返回 None。例如：

```
>>> print(aScores.get('Liuhao'))
90
>>> print(aScores.get('Wangtao'))
None
>>> aScores['Wangtao']
Traceback (most recent call last):
  File "<pyshell#15>", line 1, in <module>
    aScores['Wangtao']
KeyError: 'Wangtao'
```

setdefault()方法与 get()方法相似。如果字典中包含此键，则返回该键对应的值，这和 get()方法一样；如果字典中不包含此键，则返回第 2 个参数设置的默认值；默认值为 None 时或省略时，不输出。例如：

```
>>> aScores.setdefault('Liuhao',99)
90
>>> aScores.setdefault('Wangtao',99)
99
>>> aScores
{'Malin': 95, 'Zhangyue': 78, 'Liuhao': 90, 'Wangtao': 99}
```

注意：经 setdefault()处理后，此时“Wangtao”的信息被加到字典 aScores 中。

3. copy()

copy()方法获得字典的一个副本。例如：

```
>>> bScores=aScores.copy()
>>> bScores
{'Malin': 95, 'Zhangyue': 78, 'Liuhao': 90, 'Wangtao': 99}
```

4. pop()

字典的 pop()方法的功能与序列的 pop()方法类似，用来删除参数所对应的键值对。注意返回值为键对应的值。例如：

```
>>> aScores.pop('Liuhao')
90
>>> aScores
{'Malin': 95, 'Zhangyue': 78, 'Wangtao': 99}
```

5. update()

update()方法可以用来添加字典的键值对，其参数必须是字典对象。例如:

```
>>> bScores={'Qiaoyu': 95 }
>>> aScores.update(bScores)
>>> aScores
{'Malin': 95, 'Zhangyue': 78, 'Wangtao': 99, 'Qiaoyu': 95}
```

上述代码用 update()方法把 bScores 的内容添加到字典 aScores 中。

若字典中键值对已存在，则使用 update()方法会更新对应的值。例如：

```
>>> cScores={'Malin':100 }
>>> aScores.update(cScores)
>>> aScores
{'Malin': 100, 'Zhangyue': 78, 'Wangtao': 99, 'Qiaoyu': 95}
```

6. clear()

clear()方法用来清空字典，得到一个空字典，而不是删除字典。例如：

```
>>> aScores.clear()
>>> aScores
{}
```

可以看到：如果处理有关联性的一组数据，字典是较好的选择。

【例 4-3】 选择合适的数据类型记录某学期一组学生的 5 门课程成绩，计算每个学生的平均成绩，输出平均成绩最高和最低的两位学生的姓名。

【解析】使用字典数据类型记录学生姓名和 5 门课程成绩，键为姓名，值为列表或元组记录 5 门课程成绩，算法为求最大最小值。

【参考代码】

ex4-3.py

```
dscores={'Malin':[87,85,91,93,82],'Zhangyue':[76,83,88,85,72],'Liuhao':
[97,95,89,92,96],'Wangtao':[77,83,81,67,70]}
maxavg=0
minavg=100
for k,v in dscores.items():
    s=sum(dscores[k])
    avg=s/5
    if avg>=maxavg:
       maxavg=avg
       maxName=k
    if avg<=minave:
       minavg=avg
       minName=k
print('{0} got the first place,{1} got the last!'.format(maxName,minName))
```

【运行结果】

```
Liuhao got the first place,Wangtao got the last!
```

4.3　集合

Python 中还提供了一种很特别的数据类型——集合，它与数学中的集合概念一样，是一个无序的、没有重复元素的组合。

Python 中的集合分为可变集合（set）和不可变集合（frozenset）两类。

4.3.1　集合的创建

集合用“{}”来表示，每个元素用逗号分隔。例如：

```
>>> aSet={1,3,5,7,9}
>>> type(aSet)
<class 'set'>
```

Python 中，还可以使用 set() 函数和 frozenset() 函数分别创建可变集合和不可变集合。例如：

```
>>> bSet=set('hello')
>>> bSet
{'o', 'e', 'h', 'l'}
>>> fSet=frozenset('hello')
>>> fSet
frozenset({'o', 'e', 'h', 'l'})
```

用 set()函数创建的集合 bSet 有 4 个元素，去掉了重复元素。因为无序，输出顺序不唯一。用 frozenset()函数创建的不可变集合 fSet 同样有 4 个元素。

注意：创建空集合时，必须使用 set()函数，不能使用“{}”创建，因为“{}”创建的是空字典。

4.3.2 集合的基本操作

Python 中的集合与数学上集合的运算相似，包括关系运算符和专门的集合运算符。关系运算符和其实现的功能如表 4-8 所示。

表 4-8 集合的关系运算符与功能

关系运算符	功 能
s==t	判断集合 s 和集合 t 是否相等
s!=t	判断集合 s 和集合 t 是否不相等
s<t	判断集合 s 是否是集合 t 的真子集
s<=t	判断集合 s 是否是集合 t 子集（包括非真子集）
s>t	判断集合 s 是否是集合 t 的真超集
s>=t	判断集合 s 是否是集合 t 的超集（包括非真超集）

以上运算符的判断结果是逻辑型，如果为真，返回“True”；如果为假，返回“False”。例如：

```
>>> aSet=set('sit')
>>> bSet=set('stand')
>>> aSet
{'i', 't', 's'}
>>> bSet
{'a', 'n', 's', 't', 'd'}
>>> aSet==bSet
False
>>> aSet<bSet
False
>>> set('and')<bSet
True
```

aSet 和 bSet 的元素不完全相同，因此两个集合不相等。

aSet 中的元素“i”并不在 bSet 中，所以判断 aSet<bSet 的结果为 False，即 aSet 不是 bSet 的真子集。

set('and')生成一个集合，包含 3 个元素“'a'”“'n'”“'d'”，均在 bSet 中出现，所以集合 set('and')是 bSet 的真子集，判断结果是 True。

另外，Python 中还有一些专门的集合运算符，如表 4-9 所示。

表 4-9　集合运算符与功能

集合运算符	功　能
s&t	返回 s 和 t 的交集集合
s|t	返回 s 和 t 的并集集合
s-t	返回 s 和 t 的差集集合
s^t	返回 s 和 t 的对称差分集合

例如：

```
>>> aSet=set('sit')
>>> bSet=set('stand')
>>> aSet&bSet
{'t', 's'}
>>> aSet|bSet
{'a', 'n', 's', 'i', 't', 'd'}
>>> aSet-bSet
{'i'}
>>> aSet^bSet
{'i', 'a', 'd', 'n'}
```

集合的交运算“&”获得集合 aSet 和 bSet 中相同的元素；集合的并运算“|”获得两个集合的所有元素并去重；集合的差运算“-”获得属于集合 aSet 但不属于 bSet 中的元素，即{'i'}；集合的对称差分运算“^”获得只出现在其中一个集合中而不同时出现在两个集合中的元素，即这些元素要么只属于集合 aSet，要么只属于 bSet，结果为{'i', 'a', 'd', 'n'}。

集合的这 4 个运算符还可以与赋值符号复合使用，格式如下：

```
&=      |=      -=      ^=
```

例如，aSet&=bSet 就相当于 aSet=aSet&bSet。

4.3.3　集合的内置函数和方法

集合的内置函数和方法主要对集合进行更新操作，如表 4-10 所示。

表 4-10　集合的函数或方法

集合的函数或方法	功　能
len()	返回集合的元素个数
s.add(obj)	将对象 obj 添加到集合 s 中去
s.copy()	返回集合 s 的副本
s.discard(obj)	从 s 中删除对象 obj，如果不存在，则没有任何操作
s.remove(obj)	从 s 中删除对象 obj，如果 obj 不属于 s，则产生 KeyError 异常
s.pop()	从 s 中删除任意一个元素，并返回这个元素
s.clear()	将 s 中的元素清空
s.update(t)	用集合 t 更新集合 s，使 s 为 s 和 t 并集

例如：

```
>>> bSet=set('stand')
>>> len(bSet)
5
>>> bSet.add('up')
>>> bSet
{'n', 'up', 'd', 's', 'a', 't'}
>>> bSet.remove('up')
>>> bSet
{'n', 'd', 's', 'a', 't'}
>>> bSet.discard('w')
>>> bSet.remove('w')
Traceback (most recent call last):
  File "<pyshell#13>", line 1, in <module>
    bSet.remove('w')
KeyError: 'w'
>>> bSet
{'n', 'd', 's', 'a', 't'}
>>> bSet.update('up')
>>> bSet
{'n', 'p', 'd', 's', 'a', 'u', 't'}
>>> bSet.clear()
>>> bSet
set()
```

add()方法用来添加元素，执行语句 bSet.add('up')后，集合 bSet 添加了新成员'up'。

remove()方法和 discard()方法都可以删除集合中的元素。但是，如果删除的对象不存在，remove()方法会产生异常，而 discard()方法则不会有任何提示。

update()方法是更新集合，bSet.update('up')返回的是 bSet 以及集合{'u','p'}的并集。注意与 add()方法的区别。

clear()方法用于清空集合，返回一个空的集合。

说明：Python 中的集合常用于包含关系的比较。例如，判断某组数据是否被包含在另一组数据中。

```
>>> {'h','i'}<={'h','e','l','o','i'}
True
```

Python 中的集合也常用于删除重复项。对于一个包含重复元素的对象，集合可以非常简单地解决去重问题。例如：

```
>>> aList=[7,8,10,6,8]
>>> s=set(aList)
>>> bList=list(s)
>>> bList
[8, 10, 6, 7]
```

使用 set()函数将列表转换为集合，从而去除重复元素，然后使用 list()函数将去重后的元素还原为列表。但是，由于集合元素是无序的，因此还原后的 bList 的元素顺序产生变化。

4.4　datetime 库

Python 中的 datetime 库为日期和时间处理提供了格式化方法。以不同的格式显示日期和时间是程序中经常用到的功能，该库提供了一系列从简单到复杂的时间处理方法。

datetime 模块包括如下 3 类。

（1）date 类：表示日期。例如，年、月、日等。

（2）time 类：表示时间。例如，小时、分钟、秒、微秒等。

（3）datetime 类：表示日期、时间、时区等。

每个类中有一些相关的函数。使用这些类需要用 import 保留字。例如：

```
>>> from datetime import date
>>> date.today()          #获取当前日期
datetime.date(2020, 1, 17)
>>> from datetime import time
>>> tm=time(23,20,35)    #创建时间
>>> tm
23:20:35
>>> from datetime import datetime
>>> dt =datetime.now()   #获取当前日期和时间
>>> dt
datetime.datetime(2020, 1, 17, 10, 32, 38, 595448)
>>> dt.year
2020
>>> dt.minute
32
```

上述代码中的 datetime 对象，表示当前的日期和时间，精确到微秒。可以使用 strftime()方法将已有的 datetime 对象转换成特定格式的字符串。例如：

```
>>> dt.strftime("%Y-%m-%d %H:%M:%S")
'2020-01-17 10:32:38'
```

strftime()方法高效通用，表 4-11 给出 strftime()方法的格式化控制符。

表 4-11　strftime()方法的格式化控制符

格式化字符串	日期/时间	取　值
%Y	年份	0001～9999
%m	月份	01～12
%B	月份英文名	January～December
%b	月份英文缩写	Jan～Dec
%d	日期	01～31
%A	星期英文名	Monday～Sunday
%a	星期英文缩写	Mon～Sun
%H	小时（24 时制）	00～23
%I	小时（12 时制）	01～12
%p	上午/下午	AM/PM
%M	分钟	00～59
%S	秒	00～59

遇到需要表示和处理的时间问题，可以使用 datetime 库和 strftime()方法，简化格式输出和进行时间的维护。

巧妙地使用 datetime 库还可以计算程序运行时间。

【例 4-4】测试程序的运行时间。

【解析】

在程序开始使用datetime 库中的 now()函数获取精确时间，在程序运行结束后再次使用 now()函数获取精确时间，利用差值可准确计算出程序的运行时间。

【参考代码】

ex4-4.py

```
from datetime import *
start=datetime.now()
s=0
for i in range(10):
    for j in range(100):
        for k in range(100000):
            s=s+k
end=datetime.now()
x=end-start
print(x)
```

【运行结果】

```
0:00:12.818732
```

例 4-4 在本机的运行时间为 12 秒多，读者可以试着测试自己设备的运行时间是多少。

4.5　本章小结

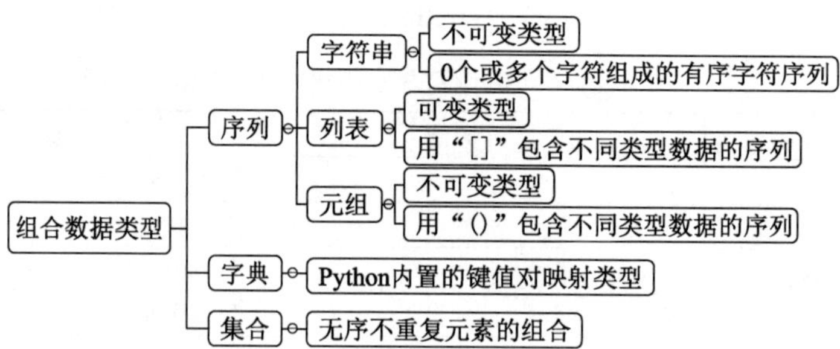

课后习题

一、选择题

1. 下列语句的输出结果为________。

```
>>> s='hello'
>>> print(s[1:3])
```

A. hel　　B. he　　C. ell　　D.el

2. 对于序列 numbers = [1, 2, 3, 4, 5, 6, 7, 8, 9, 10]，以下相关操作和对应输出正确的是________。

A. >>> numbers[0: 2]　　[1, 2, 3]

B. >>> numbers[0: -1]　　[1, 2, 3, 4, 5, 6, 7, 8, 9, 10]

C. >>> numbers[-2:]　　[9, 10]

D. >>> numbers[0::3]　　[1, 3, 5, 7, 9]

3. 关于字符串 S1='Python program'，以下代码被执行后，结果正确的是________。

A. aS1=S1.split()，则 aS1 为'program Python'

B. S1.reverse()，则 S1 为'margorp nohtyP'

C. bS1=S1[::-1]，则 bS1 为'margorp nohtyP'

D. cS1=S1.split()[::-1]，则 cS1 为'Python program'

4. 以下代码能输出结果为['a','e','l','r']的是________。

①
```
>>>L1=['r','e','a','l']
>>>L1.sort()
>>>print(L1)
```
②
```
>>>t1=('r','e','a','l')
>>>t1.sort()
>>> print(t1)
```
③
```
>>>L2=['r','e','a','l']
>>> sorted(L2)
```
④
```
>>>t1=('r','e','a','l')
>>>sorted(t1)
```

A. ①③④　　B. ②③　　C. ①②③④　　D. ①②③

5. 关于字典的创建，以下正确的是________。

A. a={x:1,y:2,z:3}

B. b=dict()

C. c=dict([1,2],[3,4])

D. d=dict((1,2),(3,4))

6. 下列语句运行后，aSet 的内容为________。

```
>>> L1=[2,3,3,5,7,2]
>>> aSet=set(L1)
```

A. [2,3,5,7]　　B. {2, 3, 5, 7}　　C. {2, 3, 3, 5, 7, 2}　　D. {2, 3, 5, 7, 2}

二、填空题

1. 执行如下代码，输出结果是________。

```
my_list = 'Explicit is better than implicit.'.split()
print(my_list[2])
```

2. 执行如下代码的输出结果是________。（提示：字符'?'的 ASCII 值是 63）

```
>>> words = ['Do', 'you', 'like', 'Python', '?']
>>> words.sort()
>>> words.pop()
```

3. 执行如下代码，则程序的运行结果是________。

```
no = [1001, 1002, 2001, 1003, 3001]
course = ["Math", "English", "Python", "Physics", "PE"]
data = dict(zip(no, course))
result = data.get(1003)
print(result)
```

三、编程题

1. 编程实现，在字符串“Peace and love are good things.”中寻找字符串“love”的下标并输出，将“love”替换成“hope”，将替换后的字符串保存到新变量中并输出。

2. 某个学生将英文语句中的单词顺序全部写反了，例如，“student a am I.”，正确的句子应该是“I am a student.”。请编程实现翻转这些单词还原正确语句格式。

3. 编写程序接收用户输入的一段英文字符串，输出这段字符串中包含的字母及其出现次数。

4. 编程实现接收用户输入的多个元素，元素间用“，”分隔，如果某个元素重复出现，则输出 True；否则输出 False。

第5章 函　数

学习目标

- 掌握函数的定义和调用
- 了解 lambda 函数的定义和作用
- 掌握函数参数的传递和类型
- 理解变量的作用域
- 了解模块的概念和使用
- 理解递归函数

在设计规模较大、复杂度较高的程序时，通常会把较大规模的问题划分成若干功能独立的一系列小问题，为每个小问题编写程序并封装，这就是函数（function）。函数实际是一段独立的程序代码段，有规范的定义和调用方式。本章主要介绍自定义函数的定义和调用方式、变量的作用域以及特殊的递归函数的应用。

5.1　实例 组合数问题

首先来看一个数学问题。

【例 5-1】 从 m 个不同元素中，任取 n 个元素（$n\leqslant m$）组成一组，计算所有组合的个数，公式为

$$C_m^n=\frac{m!}{n!(m-n)!}$$

【参考代码】

ex5-1.py

```
m=eval(input('请输入m:'))
n=eval(input('请输入n:'))
fm=1
fn=1
fmn=1
```

```
    for i in range(1,m+1):
        fm = fm * i
    for i in range(1,n+1):
        fn = fn * i
    for i in range(1,m-n+1):
        fmn = fmn * i
    print('组合数为：',fm//fn//fmn)  #获得整数结果
```

【运行结果】

```
请输入m:7
请输入n:4
组合数为:35
```

程序使用 for 循环语句即可实现，但是 3 个 for 循环语句都完成相同的功能，即求阶乘。如果有一个求阶乘的函数可以直接调用，那么程序框架会更加清晰简洁，这就是函数式编程的思想，它的优点如下。

（1）降低问题难度。将大而复杂的问题分解成小而简单的问题，实现程序开发流程的分解。

（2）实现代码复用。不管程序的哪个部分需要，都可以调用函数直接求结果，而不用重复编写代码。

（3）缩短代码长度。只需传递正确的参数，简单调用即可实现所需功能，同时提高程序的可读性。

（4）易于检查错误或修改代码。确保每个函数的正确性，降低整体程序出错的可能性。如果发现所需功能需要修改，只需在一个地方（即函数定义）修正，简单又不会遗漏。

那么，如何优化例 5-1 的程序结构呢？需要用户自定义函数来实现。在 Python 中，函数包括内置函数、标准库函数、第三方函数和用户自定义函数。前 3 种函数在前面章节都做了介绍，本章重点介绍用户自定义函数的相关内容。

5.2 函数的定义和调用

内置函数或 Python 标准库函数是 Python 事先定义好的，用户使用时只要直接调用或导入模块即可；用户自定义函数则需要用户自己先定义，然后调用实现所需的功能。

5.2.1 函数的定义

函数定义的语法格式如下：

```
def 函数名([参数表]):
    '''文档字符串'''
    函数体
    return 语句
```

函数定义以关键字 def 语句开始，规则如下。

（1）第 1 行，关键字 def 后接用户自定义的函数名。这是一个标识符，要求遵循标识符命

名规则，尽量做到见名知义。

（2）函数名后紧跟一对圆括号()，括号内可以有 0 个或多个参数，参数间用逗号分隔。如果没有参数，圆括号()也不可省略。定义函数时的参数被称为形式参数，简称形参。首行最后用冒号结束，第 1 行是函数首部。

（3）函数主体部分需要整体缩进对齐，其中可选的三引号标识的文档字符串，用于注释、说明函数参数的要求或功能描述。文档字符串只供阅读，解释器处理程序不执行。

（4）函数体指实现所需功能的语句序列，它可以是前面章节所介绍的任何合法语句。如果想定义一个空的函数，即什么功能都没有，函数体可以用 pass 语句表示。

（5）return 语句将返回结果带回给主调函数。如果没有任何返回值，可以省略 return 语句或用 return None；如果返回一个结果，使用“return 表达式”；如果返回多个结果，使用“return 表达式 1，表达式 2，……”，这些值构成一个元组返回。

注意：return 语句可以根据需要出现在函数体的任何位置。

下面是一个非常简单的函数定义。

```
>>>def printpara(x):
       '''just an example'''
       print(x)
```

printpara(x)函数功能就是输出参数 x 的内容。其中，三引号给出的文档字符串（DocString）是可选项，用于说明程序功能，提高程序的可读性。DocString 可用 print(functionname.__doc__)输出。例如，上述函数中定义的 DocString，可以通过如下方式输出查看。

```
>>>print(printpara.__doc__)   #__doc__前后是双下画线
just an example
```

5.2.2　函数的调用

函数定义之后就可以被调用了，语法格式如下：

```
函数名([参数表])
```

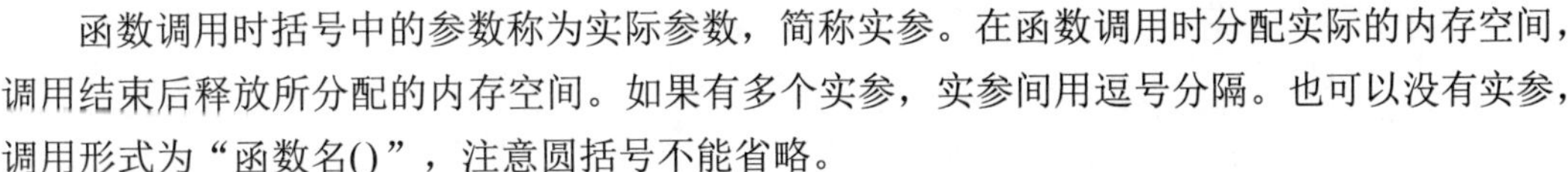

函数调用时括号中的参数称为实际参数，简称实参。在函数调用时分配实际的内存空间，调用结束后释放所分配的内存空间。如果有多个实参，实参间用逗号分隔。也可以没有实参，调用形式为“函数名()”，注意圆括号不能省略。

调用时将实参一一传递给形参，程序执行流程转移到被调用函数，函数调用结束后回到主程序调用后的位置继续执行。

下面来看 printpara()函数的调用。

```
>>>printpara('Happy birthday!')
Happy birthday!
```

下面用函数实现例 5-1，代码如下：

【参考代码】

ex5-1func.py

```
1     def fac(a):
2         f=1
3         for i in range(1,a+1):
4             f=f*i
5         return f          #函数返回
6
7     m=eval(input('请输入m:'))
8     n=eval(input('请输入n:'))
9     print('组合数为:',fac(m)//fac(n)//fac(m-n))
```

【运行结果】

```
请输入m:7
请输入n:4
组合数为:35
```

程序执行过程为：程序从第 7 行主程序处开始执行，用户输入 m 和 n 的值，执行到第 9 行，调用 fac(m)函数，程序转到第 1 行执行，实参 m 传递给形参 a，到第 5 行执行完函数，将返回值带回到主程序，程序回到第 9 行执行。继续调用 fac(n)函数，程序转到第 1 行，实参 n 传递给形参 a，执行完函数，返回 n 的阶乘，回到第 9 行。继续调用 fac(m−n)函数，程序转到第 1 行执行，实参（m−n）传递给形参 a，得到（m−n）的阶乘，返回第 9 行，输出计算结果，程序结束。

可以看到 3 次调用 fac()函数，每次调用传递不同的实参完成阶乘功能。对于 fac()函数，参数 a 等价于函数的输入，而返回值等价于函数的输出。

下面通过几个典型算法来熟悉函数的定义和使用。

【例 5-2】 编写函数 gcd(*x*,*y*)，计算 *x* 和 *y* 的最大公约数。用户输入两个整数，调用 gcd()函数获得结果并输出最大公约数。

【解析】

用辗转相除法求两个数的最大公约数，需要判断的两个整数是形参，返回值为最大公约数。

【参考代码】

ex5-2.py

```
def gcd(x,y):
    '''calculate the GCD of x and y'''
    while x % y != 0:
        r=x%y
        x=y
        y=r
    return y

x=eval(input("Enter the first number:"))
y=eval(input("Enter the second number:"))
gxy=gcd(x,y)     #调用函数
print('GCD({0:d},{1:d}) = {2:d}'.format(x,y,gxy))
```

【运行结果】

```
Enter the first number:24
Enter the second number:18
```

```
GCD(24,18) = 6
```

【例 5-3】输出 1～m（m 为正整数）的所有素数。

【解析】

主要算法为判断素数，可以定义一个函数用于判断参数是否为素数，返回值为逻辑值，表示判断结果，会使程序结构更加清晰。

【参考代码】

ex5-3.py

```
from math import sqrt
def isprime(x):
    '''prime judgement'''
    if x==1:
        return False
    k=int(sqrt(x))
    for j in range(2,k+1):
        if x % j==0:
            return False
    return True

if  __name__=="__main__":   #name 和 main 前后各有两条下画线
    m=eval(input("please input m:"))
    for i in range(1,m+1):
        if isprime(i):
            print(i,end=' ')
```

【运行结果】

```
please input m:46
2 3 5 7 11 13 17 19 23 29 31 37 41 43
```

注意：在例 5-3 中使用了“if __name__=="__main__"”，它有些类似 C/C++/Java 语言中的 main()函数。如果在命令行中直接运行.py 文件，则__name__的值是“__main__”，该条语句后的代码会被执行；而如果是作为模块被导入时（import 文件名），__name__的值就不是“__main__”了，而是导入模块（文件）的名字，那么该条语句后的代码则不被执行。这种做法使该程序在交互式方式运行时可以直接获得运行结果，而被当成模块使用时仅定义的函数部分可用，而主程序部分不起作用。

Python 中也可以不写“if __name__=="__main__"”，主程序就不要缩进，在运行时会直接执行。如例 5-2 的最后 4 行代码。

例 5-4 中注意理解，当函数执行到 return 语句时，就必须返回主程序，不必执行后续语句。

【例 5-4】使用函数求列表的平均值、最大值和最小值。

【解析】

通过函数实现上述功能，参数为列表，返回值为平均值、最大值和最小值。

【参考代码】

ex5-4.py

```
def proc(arr):
```

```
2        s = sum(arr)
3        avg = round(s/len(arr),2)
4        return avg,max(arr),min(arr)
5
6    if __name__ == "__main__":
7        a=[6.6, 9.9, 9.7, 55.2, 7.3, 9.5, 12.8, 7.9, 16.0, 16.8]
8        m=proc(a)
9        print("average={0}, max={1}, min={2}".format(m[0],m[1],m[2]))
```

【运行结果】

```
average=15.17, max=55.2, min=6.6
```

proc()函数返回的 3 个值组成一个元组作为返回值，所以主程序中接收返回值的变量 m 为元组，m 的 3 个元素依次为函数的 3 个返回值。也可以使用 3 个变量来接收返回值，可将第 8 行代码改为 x,y,z=proc(a)，后面使用 x,y,z 进行输出。

5.2.3 函数的嵌套

Python 的程序中可以定义多个函数，主程序可以调用多个函数。用户自定义函数允许调用其他函数，则被称为函数的嵌套调用。其语法格式如下：

```
def f():
    …
def g():
    f()

if __name__== "__main__":
    g()
```

这里，主程序中调用函数 g()，程序执行到 g()，而函数 g()中又调用函数 f()。

5.2.4 lambda 函数

lambda 是一种简便的、在同一行中定义函数的方法。lambda 生成一个函数对象，没有具体的函数名，所以也被称为匿名函数。通常函数体比较简单，并且只使用一次。其目的是简化用户使用函数的过程。语法格式如下：

```
lambda 参数 1, 参数 2, …: 表达式
```

其中，lambda 函数可以有多个参数，表达式的值是返回值。lambda 函数可以直接使用，例如：

```
>>> (lambda x,y:x**2+y**2 )(3,4)
25
```

lambda 函数也可以赋值给变量，例如：

```
>>> m=lambda x,y:x+y      #等价于 def myadd(x,y):  return x+y
>>> m(12,35)
47
```

```
>>> m(1.2,4.6)
5.8
>>> m('py','thon')
'python'
```

lambda 函数经常作为参数传递给需要的函数，用于实现稍微复杂的参数。例如：

```
>>> dscores={'Jerry':[87,85,91],'Mary':[76,83,88],'Tim':[97,95,89],'John':[77,83,81]}
>>> t=sorted(dscores.items(),key=lambda d:(d[1][0]+d[1][1]+d[1][2])/3)
>>> print(t)
[('John', [77, 83, 81]), ('Mary', [76, 83, 88]), ('Jerry', [87, 85, 91]), ('Tim',
[97, 95, 89])]
```

在 sorted()函数中利用 lambda 函数对 dscores.items()中的元素排序，排序的 key 是三门成绩的平均值。其中，dscores.items()获得的第 1 个元素为“'Jerry':[87,85,91]”。参数中的 d[0]是'Jerry'，d[1]是[87,85,91]，利用(d[1][0]+d[1][1]+d[1][2])/3 就可求出平均值。依次求解每个平均值，按递增排序获得结果。也可以利用变量 t 直接输出排序名单。例如：

```
>>> for i in t:
        print(i[0])
John
Mary
Jerry
Tim
```

5.3　函数的参数

5.3.1　参数的传递

函数调用时将实参传递给形参，默认情况下实参按照位置顺序传递给形参，第 1 个实参传递给第 1 个形参，第 2 个实参传递给第 2 个形参。函数要求实参和形参的个数相同，类型相容，否则会发生错误。

默认的参数传递方法简单，但是当参数较多时，可读性较差。例如，当计算欧氏距离时，函数有 4 个参数，分别为二维坐标系中两点的坐标。例如：

```
>>> def eumetric(x1,y1,x2,y2):
        import math
        return math.sqrt((x1-x2)**2+(y1-y2)**2)
>>> eumetric(1,2,3,4)
2.8284271247461903
```

只看调用很难理解和确定实参的含义。在规模稍大的程序中，函数定义可能距离调用很远，可读性更差。

为了解决上述问题，Python 提供了关键字参数调用方式。函数调用时，圆括号中的参数采用“形参名=实参”的格式，这样实参按照形参名传递，不是按照位置传递。例如：

```
>>> eumetric(x1=1,y1=2,x2=1,y2=5)
```

```
3.0
>>> eumetric(x1=1,x2=1,y1=6,y2=1)
5.0
```

由于调用函数时指定了形参名称，因此参数顺序可以任意调整。

5.3.2 参数的可变性

传递的实参在函数调用过程中是否会发生变化？如何变化？首先看下面这个简单的例子。

【例 5-5】函数参数变化测试。

【参考代码】

ex5-5.py

```
1     def change(x,strx,listx):
2         x=x+1
3         strx="hello!"
4         listx=[2,3,4]
5         print(x,strx,listx)
6
7     a=5
8     stra="hi!"
9     lista=[1,2,3]
10    change(a,stra,lista)
11    print(a,stra,lista)
```

【运行结果】

```
6 hello! [2, 3, 4]
5 hi! [1, 2, 3]
```

运行结果表明：整数、字符串、列表这些实参在调用函数后都没有变。不管实参是可变还是不可变的数据类型，如果在函数内对形参重新赋值，形参值的改变都不影响实参。因为形参进行新的赋值，就是分配了新的内存空间，和实参没有任何关联。

如果想获得改变的值，可以通过 return 语句将值返回主调程序。但是，如果在函数内直接修改形参，则形参值的变化就会影响到实参。例如，将例 5-5 的第 4 行代码修改为："listx[1]=9"，再次执行，运行结果如下。

【运行结果】

```
6 hello! [1, 9, 3]
5 hi! [1, 9, 3]
```

函数调用时，参数传递就是实参和形参共同指向同一个内存空间，修改形参必然实参也改变。上述代码的语句 listx[1]=9 是修改 listx，形参 listx 和实参 lista 引用同一个空间，因此 lista 也随之改变。而语句 listx=[2,3,4]是对形参赋值，则为形参创建了新的内存空间，形参和实参分离，互不影响。

由此得出结论，关于参数传递中实参是否变化的判断如下。

（1）在函数内对形参进行了赋值操作，实参此时不与形参引用同一对象，实参不受形参值变化的影响。

（2）在函数内仅是修改形参或使用方法修改，形参值的改变会影响实参。

（3）如果不希望实参受到影响，但又不确定函数是否会改变实参，可以在主调程序中先把变量保护起来。例如，在调用函数之前，使用“listback=lista[:]”复制副本，调用 change()函数，使用 listback 作为实参，无论函数体中如何操作，lista 不会改变，实现保护目的。

5.3.3 不同类型的参数

Python 函数的参数还有更加灵活的设计，下面介绍默认参数和可变长参数。

1. 默认参数

Python 中，在定义函数时可以设定参数默认值，即部分参数可以不需要主调程序传递值，默认参数以赋值语句的形式给出。例如：

```
>>> def area(r,pi=3.14159):
        return pi*r*r
```

area()函数中设定了 pi 的默认值，调用时如果使用默认值，则该参数可以省略；如果不使用默认值，则正常传递实参。例如：

```
>>> area(4)
50.26544
>>> area(4,3.14)
50.24
```

调用时也可以利用关键字参数改变参数顺序。例如：

```
>>> area(pi=3.14,r=4)
50.24
```

注意：在定义函数时必须将默认参数放在非默认参数的后面，因为默认参数不是必需的，放在前面会无法判断传递的参数是默认参数还是正常参数。

2. 可变长参数

Python 中的可变长参数允许传递一组数据（不固定个数）给一个形参，形参的形式与以往的方式不同。例如：

```
>>> def namelist(classname,*names):
        print(classname)
        print(names)
```

形参 names 前有一个*号，它是可变长参数的标记，指将余下的参数作为元素放到一个元组中，对于这个参数可以正常使用元组的操作。函数调用如下：

```
>>> namelist('class1','Wangbing','Liming','Liuhao')
class1
('Wangbing', 'Liming', 'Liuhao')
Liming
```

实参'class1'传递给参数 classname，其余的 3 个字符串传递给可变长参数 names，这 3 个实参作为一个元组存储在 names 中。

5.4 变量的作用域

Python 中，每个变量都有自己的作用域（即命名空间），也就是该变量在某个代码范围内是存在的，使用它是合法的；在此范围外该变量是不存在的，使用它是非法的。一个程序中的变量包括两类：全局变量和局部变量。

局部变量指在函数内部使用的变量，其作用域是函数内部，在函数外不起作用。例如：

```
>>> def f1():x=5
>>> f1()
>>> print(x)
Traceback (most recent call last):
  File "<pyshell#3>", line 1, in <module>
    print(x)
    NameError: name 'x' is not defined
```

调用 f1()函数时，创建一个局部变量 x，x 的作用域只在 f1()函数内部，当函数执行完时，变量 x 将被释放。因此，在函数外输出 x 会出错，每次调用函数 f1()都会创建一个新的变量 x。

全局变量是指在函数之外定义的变量，一般没有缩进，其作用域是整个程序。例如：

```
>>> def f2():
            y=5
            print(x+y)
>>> x=3
>>> f2()
8
```

上述代码中，x 是全局变量，全局可见可用。在 f2()函数中直接使用，输出结果是 8。函数内部虽然可以使用全局变量，但使用时要慎重。如果在多个函数内部使用全局变量，会出现无法确定全局变量某一时刻的值，容易发生错误。

如果局部变量和全局变量同名并且同时可见，会出现什么情况呢？例如：

```
>>> def f3():
        x=5
        print(x**2)
>>> x=3
>>> f3()
25
```

上述代码在 f3()函数内创建一个新的变量 x，它是局部变量，“x=3”的变量 x 是全局变量，在函数内两个 x 都可见。这种情况下，Python 解释器遵循一个原则：在局部变量（包括形参）和全局变量同名时，局部变量屏蔽（shadowing）全局变量，因此，函数内 x 的值是 5 而不是 3，print()结果为 25。

请分析下面这段代码的问题在哪？

```
>>> def f4():
        print(x**2)
        x=5
        print(x)
```

```
>>> x=3
>>> f4()
Traceback (most recent call last):
  File "<pyshell#24>", line 1, in <module>
    f4()
  File "<pyshell#23>", line 2, in f4
    print(x**2)
UnboundLocalError: local variable 'x' referenced before assignment
```

上述代码执行出错。f4()函数有局部变量 x，屏蔽了全局变量 x，局部变量 x 要先创建，否则“print(x**2)”代码就不能被正确执行。

解决上述问题需要确定函数中要使用的 x 是局部变量还是全局变量，如果使用的是局部变量 x，先赋值即可；如果使用的是全局变量 x，可以使用关键字 global 声明。例如：

```
>>> def f4():
        global x
        print(x**2)
        x=5
        print(x)
>>> x=3
>>> f4()
9
5
>>> x
5
```

5.5　模块

在 Python 中，模块就是一个包含合法语句的.py 文件。当程序变得越来越大时，或当多人编写一个大的项目时，模块的使用可以将部分代码保存在不同文件中，从而进一步提高代码的复用性，用户可以更方便地构建程序。

使用“import 模块名”语句可以导入模块，如果要导入的只是模块中的某个函数、属性或子类，可以使用“from 模块名 import 函数名（属性名）”语句来导入。例如，前面介绍的 math 模块，使用“import math”语句把 math 模块导入程序中，然后就可以使用 math 模块中的函数。例如：

```
>>> from math import floor
>>> floor(4.8)
4
```

用户也可以自己创建一个模块。如例 5-6，用户自己创建计算圆和球相关公式的模块。

【例 5-6】利用模块完成圆和球相关公式计算。

【参考代码】

circle.py

```
pi = 3.14159
def area(radius):
    return pi*(radius**2)
```

```
def circumference(radius):
    return 2*pi*radius
def sphereSurface(radius):
    return 4.0*area(radius)
def sphereVolume(radius):
    return (4.0/3.0)*pi*(radius**3)
```

ex5-6.py

```
import circle
print(circle.pi)
print(circle.area(3))
print(circle.circumference(3))
print(circle.sphereSurface(3))
```

【运行结果】

```
3.14
28.26
18.84
113.04
```

circle 模块保存在单独的文件中。在 ex5-6.py 程序中导入 circle 模块，可直接使用模块中的函数来计算圆的面积和周长，以及球的表面积和体积。

Python 也支持一次导入多个模块，利用语句“import 模块名 1，模块名 2，…，模块 n”即可实现。

5.6　递归函数

函数间的调用形成了函数的嵌套调用。如果在函数 f1()中调用 f1()自身，这种调用称为直接递归调用；如果函数 f1()中调用了函数 f2()，而函数 f2()中又调用了函数 f1()，这样函数 f1()通过函数 f2()间接调用了自己，这种调用称为间接递归调用。递归是特殊的嵌套调用，是对函数自身的调用。一般程序设计中的递归多指直接递归调用。

为何需要递归函数呢？任何用计算机求解的问题所需要的计算时间都与其规模大小有关，问题规模越小，解决问题所需时间通常越短，也越容易处理。通过递归可以实现降低规模的作用。

一般正确设计递归函数有如下两个基本要求。

（1）给出非递归定义的初始值，即最小规模问题的解，也就是递归终止条件。

（2）用较小规模的相似问题来求解原问题。

下面先看一个阶乘的递归函数的分析与设计。

【例 5-7】 编写递归函数计算 n 的阶乘。

【解析】

数学上，当 $n=1$ 时，n 的阶乘为 1；当 $n>1$ 时，n 的阶乘为 $n!=1\times2\times\cdots\times n$ 。

如何进行递归定义？首先给出最小规模问题的解：当 $n=1$ 时，n 的阶乘为 1。这是阶乘递归函数的初始值，递归到此终止。然后用递归描述阶乘，当 $n>1$ 时，n 的阶乘为 $n!=n\times(n-1)!$，$(n-1)!$ 是比 $n!$ 规模小一些的阶乘问题，相同的问题但是规模变小了，求解出 $(n-1)!$ 即可得到 $n!$。题目转为求解 $(n-1)!$，继续递归 $(n-1)!$，可以分解为 $(n-1)\times(n-2)!$，规模进一步减小。如此一直分解，直到该问题的初始值，即当 $n=1$ 时，1! 为 1 作为已知。最后利用 1! 返回求 2!，逐层回归，直至求出 $n!$ 的结果。至此，递归结束。

由此，递归定义的 $n!$ 为

$$n!=\begin{cases}1, & n=1\\ n(n-1)!, & n>1\end{cases}$$

【参考代码】

ex5-7.py

```
def fac(n):
    if n==1:
        return 1
    else:
        return n* fac(n-1)

n=eval(input("请输入一个正整数："))
print(fac(n))
```

【运行结果】

```
请输入一个正整数：3
6
```

图 5-1 给出执行递归调用的过程。

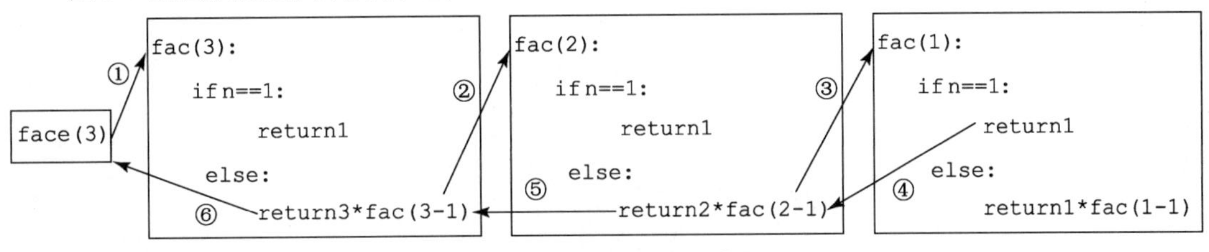

图 5-1　递归调用的过程

图 5-1 中标号表示程序调用执行顺序。递归函数每次调用时，系统都会保存本次运行的各种资源，同时分配调用的存储空间，这种递归的逐层调用各函数的参数相互没有影响。当到达终止条件结束运算并返回时，各函数逐层回归并释放存储空间。

下面介绍一个采用递归函数模拟深度优先遍历的实例。

树形结构是一种常见的数据结构，基于树形结构的常见搜索有两种：深度优先和宽度优先。其中，深度优先遍历是指，每次选择一个深度最深的节点进行扩展，如果这样的节点有多个，一般从左向右选择。如果所选节点没有子节点，再选择除该节点之外的深度最深的节点进行扩展，依次进行下去，直到遍历树中所有的节点。例 5-8 模拟完整二叉树（即每个节点有两个子树的树形结构）的深度优先搜索过程。

【例 5-8】 利用 turtle 库模拟绘制二叉树的深度优先搜索顺序。

【参考代码】

ex5-8.py

```
1   import turtle
2   def tree(n):
3       if n > 0:
4           turtle.right(20)
5           turtle.fd(n*15)
6           tree(n-1)
7           turtle.backward(n*15)
8
9           turtle.left(40)
10          turtle.fd(n*15)
11          tree(n-1)
12          turtle.backward(n*15)
13
14          turtle.right(20)
15
16  if __name__ == '__main__':
17      turtle.right(90)
18      turtle.speed(1)
19      turtle.pensize(2)
20      tree(4)
```

【运行结果】

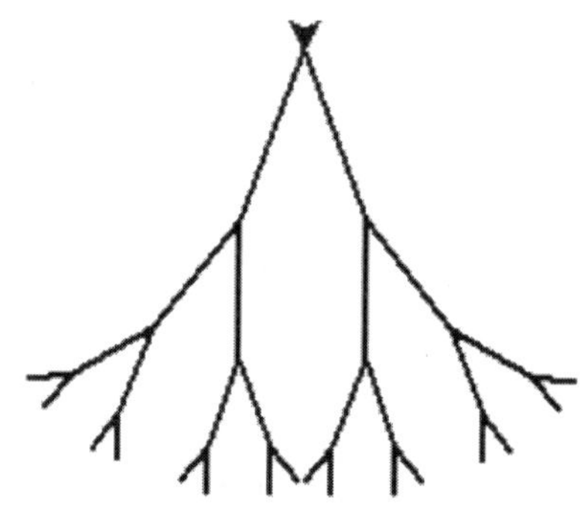

当 n=0 时，为终止条件，不需要绘制内容。tree()递归函数的第 4～6 行代码绘制当前节点的左子树，第 7 行代码返回原位置；第 9～11 行代码绘制当前节点的右子树，第 12 行代码返回原位置，第 14 行代码返回原方向。主调函数首先调整了初始绘制方向、画笔粗细和绘制速度，然后调用 tree()递归函数，传递参数 4，上述代码的运行过程展示了深度为 5 的二叉树的深度优先搜索过程，截图只是展示了最终绘图结果。程序还可通过 speed()函数改变绘制速度，从而更好地观察搜索过程。

说明：求 n 的阶乘、斐波那契数列或用二分法查找元素等问题都可以用递归来解决。但这些问题都有明显的非递归解决方案，考虑到时间复杂性和空间复杂性，这类问题一般不推荐用递归来实现。但有些问题则不然，例如，经典的 Hanoi（汉诺塔）问题和八皇后问题等，设计算法时使用递归方案解决比较简单，而用其他方案无法解决或非常复杂。

5.7 本章小结

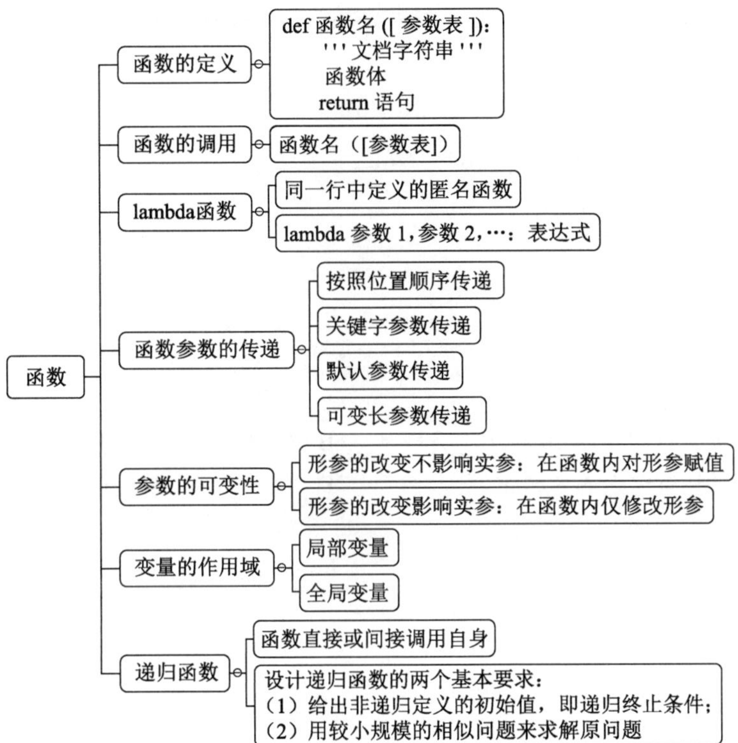

课后习题

一、选择题

1. 在 Python 中，以下关于函数的描述中错误的是________。

   A. 定义函数时，需要确定函数名和参数个数

   B. 默认 Python 解释器不会对参数类型做检查

   C. 在函数体内部可以使用 return 语句随时返回函数结果

   D. return 语句只能出现一次，否则 Python 解释器会报错

2. 以下程序生成斐波那契数列，其中________表示数列的第 n 项（假设第 0 项是 0，第 1 项是 1）。

```
def fib(n):
    a,b=0,1
    count=1
    while count <n:
        a,b=b,a+b
        count=count+1
```

A. a　　B. b　　C. a+1　　D. b+1

3. 以下关于 Python 的说法中正确的是________。

A. 在 Python 中，一个算法的递归实现往往比非递归实现的效率要高一些

B. 在 Python 中，函数的返回值如果多于 1 个，则系统默认将它们处理成一个字典

C. 可以在函数参数名前面加上“*”，作用是收集其余的位置参数，这样就实现了变长参数

D. 递归调用语句不允许出现在循环结构中

4. 关于以下程序运行结果说法中正确的是________。

```
def f(x):
    a=7
    print(a+x)

a=5
f(3)
print(a)
```

A. 程序的运行结果为 10 和 7　　B. 程序的运行结果为 10 和 5

C. 程序的运行结果为 8 和 5　　D. 程序不能正常运行

二、填空题

1. 输入任意一个整数，调用 prime()函数输出其所有的素数因子。例如，输入 45，则输出“3 5”，程序允许多次输入。请根据题目完善程序。

```
from math import sqrt
def isprime(x):
    if x==1:
      return False
    k=int(sqrt(x))
    for j in range(2,_______):
      if x%j==0:
          return False
    return True

if __name__=="__main__":
    flag='y'
    while(flag=='y'):
        num =eval(input("Please input a number:"))
        for i in range(2,num):
            if________and num % i==0:
                print(i,end='')
        flag=input("\nif you want to input another number,input y:")
```

2. 有如下函数定义，执行函数调用 f(5)的返回值是______________。

```
def f(n):
    if n <= 1:
          return n
    else:
          return f(n-1) + f(n-2)
```

3. 若输入 25 和 2，则程序的运行结果是 ____________ 。

```
def foo(num, base):
```

```
    if(num>=base):
        foo(num//base, base)
    print(num%base, end = ' ')

numA=int(input("Enter the first number: "))
numB=int(input("Enter the second number: "))
foo(numA, numB)
```

三、编程题

1. 从键盘输入两个正整数，编写程序输出两个数之间存在的所有素数的平方和。要求编写判断某个整数是否为素数的自定义函数。

输入：22，30

输出：23*23+29*29=1370

2. 编写 interchange_dict()函数，函数功能是交换字典的 key 与 value，获得新字典，然后按照新字典的 key 值降序输出内容。

例如，测试字典 dic1={'Wangbing':97,'Maling':73,'Xulei':85}

输出结果为：

```
97 Wangbing
85 Xulei
73 Maling
```

3. 编写 odds()函数，实现将参数的索引值为奇数的元素组合为列表返回。在主调程序中调用此函数，处理 a=[1,2,3,4,5]和 b=(7,8,9,10,12,13)，输出结果。

4. 编写程序实现多个数值相乘。定义 mul()函数，参数个数不限，返回所有参数相乘的结果，在主调程序中调用函数，输出结果。

5. 编写辗转相除法求最大公约数的递归函数。

第6章 文　件

学习目标

- 掌握文件的打开和关闭
- 掌握读写文件的方法
- 了解 Python 的中文分词第三方库 jieba 库的使用

本书第 2 章介绍了输入数据的 input()函数和输出处理结果的 print()函数。这是用户与程序交互数据的重要方式，但是这种方式输入和输出的数据都存储在计算机内存中，计算机关机后数据将丢失，无法长久保存。如果设计程序使用 input()函数输入 30 个学生的考试成绩，然后计算输出平均分，每次运行程序都需要通过键盘输入每个学生的成绩，非常麻烦。这种情况下，可以将所有考试成绩存入文件，每次运行程序只需从文件中读一遍数据即可。本章将介绍如何读写文件。

6.1 文件概述

在计算机中，文件是存储在某种存储器（如硬盘）上的信息的集合，操作系统以文件为单位来管理硬盘中的数据。一篇文章、一段视频、一个可执行程序，都可以被保存为一个文件，并赋予一个文件名。

文件名包括两部分：主文件名和扩展名。主文件名是用户自定义的，扩展名也称为后缀，表示文件的类型，例如，文件名“例 5-1.py”。其中，“例 5-1”是主文件名，是用户给出的，“. py”是 Python 源程序文件的扩展名。

一般来说，文件可分为文本文件、视频文件、音频文件、图像文件、可执行文件等多种类型，这是从文件的功能进行分类的。从数据存储的角度来说，所有的文件本质上都是一样的，都是由字节组成，归根到底都是 0 和 1 代码。不同的文件呈现出不同的形态，有的是文本，有的是视频，这主要是文件的创建者和解释者使用文件的软件约定好了文件格式。例如，常见的纯文本文件，扩展名为.txt，这种文件使用 Windows 的“记事本”程序来打开，是一段不具备丰富格式的文字。除了纯文本文件外，图像、视频、可执行文件等一般被称作“二进制文件”。二进制文件如果用“记事本”程序打开，看到的是一片乱码。

事实上，所谓“文本文件”和“二进制文件”，只是约定俗成的、从计算机用户角度出发进行的分类，并不是计算机科学的分类。因为从计算机科学的角度来看，所有的文件都是由二进制位组成的，都是二进制文件。文本文件和其他二进制文件只是格式不同而已。当 Python 读写文件时，文本文件和二进制文件需要使用不同的打开模式。

大量的文件如果不加分类放在一起，用户使用起来显然非常不便。因此，计算机中引入了树形目录的管理机制，目录也叫文件夹，如 Windows 的资源管理器，可以把文件放在不同的文件夹中，文件夹中还可以嵌套文件夹，使得用户可以更加方便、更加清晰地管理和使用文件。

在描述文件属性时，文件所在的文件夹是文件的重要属性，文件保存的位置称为路径，有绝对路径和相对路径之分。绝对路径是从文件所在驱动器开始描述文件的保存位置，而相对路径是从当前目录开始描述文件的保存位置。

例如，“pip.exe”文件存储在“C:\Users\venv\Scripts”文件夹中，则绝对路径为“C:\Users\venv\Scripts\pip.exe”；如果当前目录是“C:\Users\venv”，则使用相对路径描述为“\Scripts\pip.exe”。

6.2　文件的打开与关闭

读写文件之前，必须先打开文件，打开文件使用 open()函数，语法格式如下：

```
fp = open(文件名[,打开模式][,编码方式])
```

open()函数中常用的有 3 个参数。第 1 个参数是文件名，是必选参数，包含文件的存储路径，如果没有文件的存储路径，则默认打开的文件和.py 文件存放在同一个文件夹下；第 2 个参数是打开模式，是可选参数，打开模式中字符代表的含义如表 6-1 所示；第 3 个参数是指定的编码方式，是可选参数，如 gbk 或者 utf-8。

表 6-1　文件打开模式字符含义表

字　符	含　义
"r"	读文件，默认选项
"w"	写文件，首先清空文件
"x"	独占创建文件，如果文件已经存在，则失败
"a"	打开写入文件，如果文件中已存在内容，则追加到文件的末尾
"b"	二进制模式
"t"	文本模式，默认选项
"+"	打开磁盘文件进行更新（读写）

Python打开文件的方式分为二进制文件方式和文本文件方式两种。如果打开参数中含有"b"，则表示以二进制方式打开，这种方式返回的是未经解码的二进制字节；如果打开参数中有

"t"或者没有"b"，则表示以文本方式打开文件，这种方式返回的是经过解码的字符串。文件的编码方式可以使用平台依赖的编码方式，也可以在 open()函数的第 3 个参数中给出。

例如，打开模式"r+"、"w+"、"a+"表示在原功能基础上增加同时读写功能；"rb+"、"wb+"、"ab+"表示以二进制读写模式打开。

关闭文件使用 close()函数，文件使用完毕后需要关闭。因为文件对象会占用操作系统的资源，并且操作系统同一时间能打开的文件数量也是有限的。

6.3 读文件

read(n)方法是常用的读文件语句的方法。参数 n 表示从文件当前位置读取前 n 字节的内容；如果省略 n 或者 n≤-1 时，则读取到文件结束。Python 把内容读到内存，用一个字符串对象表示。read(n)方法的语法格式如下：

```
<file>.read(n)
```

【例 6-1】 设计程序完成如下功能：D 盘根目录下的 file1.txt 文件中保存有某班 20 位学生的英语考试成绩，如图 6-1 所示，统计并显示 90～100、80～89、70～79、60～69 以及 60 分以下各分数段的同学的人数。

file1 - 记事本

文件(F) 编辑(E) 格式(O) 查看(V) 帮助(H)

78,67,89,56,34,99,31,93,69,74,89,86,82,56,72,66,89,60,88,95

图 6-1 文本文件 file1.txt

【解析】

从图 6-1 中可以看到，若干名同学的成绩使用逗号分隔，可以使用字符串的 split()方法来进行拆分。另外，每个分数段和相应的人数存在对应关系，适合使用字典数据类型。打开文件的语句为 f1=open("d:\\file1.txt","r")，D 盘根目录使用的是“\\”，也可以写作 f1=open(r"d:\file1.txt","r")，加了 r 之后就可以使用“\”了。

【参考代码】

ex6-1.py

```
f1=open("d:\\file1.txt","r")
s=f1.read()
x=s.split(",")
y={"90~100":0,"80~89":0,"70~79":0,"60~69":0,"60 以下":0}
for i in x:
    if 90<=eval(i)<=100:
        y["90~100"]+=1
    if 80<=eval(i)<=89:
        y["80~89"]+=1
    if 70<=eval(i)<=79:
        y["70~79"]+=1
    if 60<=eval(i)<=69:
        y["60~69"]+=1
```

```
        if eval(i)<60:
            y["60 以下"]+=1
print(y)
f1.close()
```

【运行结果】

```
{'90～100': 3, '80～89': 6, '70～79': 3, '60～69': 4, '60 以下': 4}
```

第 2 个常用的读文件的方法是 readline(n)。如果给出参数 n，则读取文件的一行的前 n 字节的内容；如果省略 n 或者 n≤-1 时，则读取文件的一行。readline(n)方法的语法格式如下：

```
<file>.readline(n)
```

第 3 个常用的读文件的方法是 readlines(n)。参数 n 的含义是，当省略 n 或者 n≤0 时，读取文件的所有行；否则，读取到第 0～n 字节所在行的所有内容（注意：换行符计算在内），并以读取的每行内容为元素形成一个列表。readlines(n)方法的语法格式如下：

```
<file>.readlines(n)
```

【例 6-2】 设计程序完成如下功能：D 盘根目录下的 file2.txt 文件中保存有某班 20 位学生的英语考试成绩，如图 6-2 所示，统计并显示 90～100、80～89、70～79、60～69 以及 60 分以下各分数段的同学的人数。

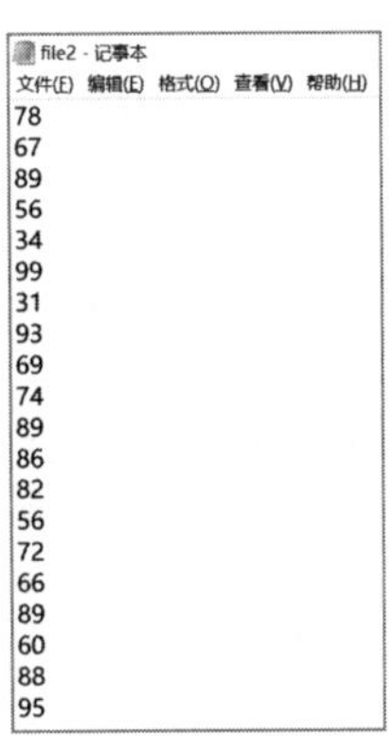

图 6-2　文本文件 file2.txt

【解析】

例 6-2 与例 6-1 唯一的不同在于文本文件存储成绩的格式不同，例 6-1 中成绩之间用逗号分隔，例 6-2 中成绩按行分隔。

【参考代码 a】

ex6-2a.py

```
f2=open("d:\\file2.txt","r")
y={"90～100":0,"80～89":0,"70～79":0,"60～69":0,"60 以下":0}
try:
    while True:
        s=f2.readline()
        if s=="":
            break
```

```
            else:
                if 90<=eval(s)<=100:
                    y["90~100"]+=1
                if 80<=eval(s)<=89:
                    y["80~89"]+=1
                if 70<=eval(s)<=79:
                    y["70~79"]+=1
                if 60<=eval(s)<=69:
                    y["60~69"]+=1
                if eval(s)<60:
                    y["60 以下"]+=1
finally:
    f2.close()
print(y)
```

【参考代码 b】

ex6-2b.py

```
f2=open("d:\\file2.txt","r")
y={"90~100":0,"80~89":0,"70~79":0,"60~69":0,"60 以下":0}
try:
        s=f2.readlines()
        for i in s:
            if 90<=eval(i)<=100:
                y["90~100"]+=1
            if 80<=eval(i)<=89:
                y["80~89"]+=1
            if 70<=eval(i)<=79:
                y["70~79"]+=1
            if 60<=eval(i)<=69:
                y["60~69"]+=1
            if eval(i)<60:
                y["60 以下"]+=1
finally:
        f2.close()
print(y)
```

3 种读取文件方法的对比如表 6-2 所示。

表 6-2　3 种读取文件方法的对比

方　法	参　数	返 回 值	特　点
read(n)	如果省略 n 或者 n≤-1 表示读文件中的所有字节；否则读取从当前位置开始的前 n 字节（字符）	字符串或字节对象	如果文件非常大，尤其是大于内存时，则无法使用
readline(n)	如果省略 n 或者 n≤-1 表示读文件中的一行；否则读取一行的前 n 字节（字符）	字符串或字节对象	保持当前行的内存，比 readlines 慢得多
readlines(n)	如果省略 n 或者 n≤0 表示一次性读取整个文件；否则读取第 0～n 字节（字符）所在的那些行，以每行内容为元素形成一个列表	列表	自动将文件内容分析成一个行的列表

6.4　写文件

写文件有两种方法。

一种是 write(str)方法，用于向文件中写入指定的字符串 str。在文件关闭前或缓冲区刷新前，字符串内容存储在缓冲区中，这时在文件中是看不到写入的内容的。write(str)方法的语法格式如下：

```
<file>.write(str)
```

另外一种是 writelines(strlist)方法，用于向文件中写入一个序列的字符串 strlist。这一序列字符串可以是由迭代对象产生的，如一个字符串列表。writelines()函数的参数也可以是一个字符串，用法与 write()函数类似。writelines(strlist)方法的语法格式如下：

```
<file>.writelines(strlist)
```

【例 6-3】设计程序完成如下功能，已知列表 x 中保存有若干整数，x=[7,15,11,24]，将其中的素数存入 D 盘根目录下的 file3.txt 文件中。

【解析】

首先将列表中的每个数取出，然后使用本书第 3 章中介绍的方法判断一个数是否是素数，若是素数，则写入文件中。写入文件后，file3.txt 内容如图 6-3 所示。

【参考代码 a】

ex6-3a.py

```
x=[7,15,11,24]
f1=open("d:\\file3.txt","w")
for i in x:
    flag=True
    for j in range(2,i):
        if i%j==0:
            flag=False
            break
    if flag==True:
        f1.write(str(i)+"\n")
f1.close()
```

【参考代码 b】

ex6-3b.py

```
x=[7,15,11,24]
y=[]
f1=open("d:\\file3.txt","w")
for i in x:
    flag=True
    for j in range(2,i):
        if i%j==0:
            flag=False
            break
    if flag==True:
        y.append(str(i)+"\n")
```

```
f1.writelines(y)
f1.close()
```

【运行结果】

file3 - 记事本
文件(F) 编辑(E) 格式(O) 查看(V) 帮助(H)
7
11

图 6-3　例 6-3 运行结果

【例 6-4】设计程序完成如下功能：已知 D 盘根目录下存放有 file4a.txt 和 file4b.txt 两个文件，文件内容如图 6-4 所示，将两个文件的内容合并存入 file4a.txt。

图 6-4　例 6-4 中的 file4a.txt 和 file4b.txt 文件

【解析】

例 6-4 中要求将两个文件的内容合并存入 file4a.txt，其含义是读取 file4b.txt 的内容，并追加在 file4a.txt 文件的后面。所以，对于 file4b.txt 是读文件，对于 file4a.txt 是追加式的写文件。

【参考代码】

ex6-4.py

```
f1=open("d:\\file4a.txt","a")
f2=open("d:\\file4b.txt","r")
x=f2.read()
f1.write(x)
f1.close()
f2.close()
```

【运行结果】

file4a - 记事本
文件(F) 编辑(E) 格式(O) 查看(V) 帮助(H)
欢迎学习Python程序设计！人生苦短！我学Python！

图 6-5　例 6-4 的运行结果

前面的例子都是从头到尾按顺序读写文件，读写完毕后，文件读写位置将顺序移动。在某些情况下，如果需要在文件中任意移动读写位置，可以使用 seek()方法，seek()方法的一般语法格式如下：

```
<file>.seek(offset,whence)
```

其中，offset 为相对于所指示位置的字节偏移量；whence 为可选参数，省略 whence 或者 whence=0 表示相对于文件开始位置，whence=1 表示相对于当前读写位置，whence=2 表示相对于文件结尾位置。需要注意的是：在文本文件中，没有使用"b"模式，也就是二进制选项打开的文件，只允许从文件头开始计算相对位置，从文件尾或者当前位置计算时就会引发异常。

【例 6-5】 设计程序完成如下功能：已知 D 盘根目录下存放有 file5.txt，文件内容如图 6-6(a)所示，在每行字符串前加上序号，程序运行后文件内容如图 6-6(b)所示。

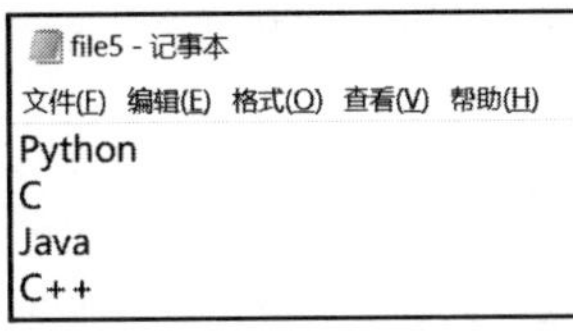

（a）程序运行前

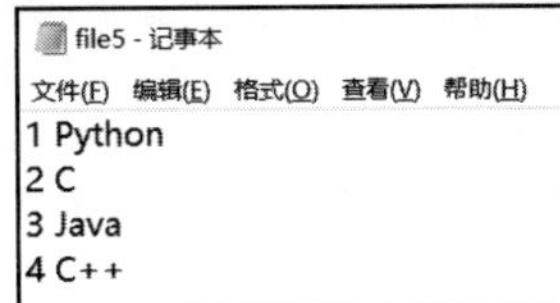

（b）程序运行后

图 6-6 例 6-5 文件内容

【参考代码】

ex6-5.py

```
1     f=open("d:\\file5.txt","r+")
2     x=f.readlines()
3     for i in range(0,len(x)):
4         x[i]=str(i+1)+" "+x[i]
5     f.seek(0)
6     f.writelines(x)
7     f.close()
```

【解析】

例 6-5 程序中，首先需要读出文件的内容，然后给每行内容前加上序号。需要注意的是：读文件结束时，当前读写位置在文件结尾处，接下来在文件开始处写文件，所以使用了第 5 行代码 f.seek(0)将读写位置移到文件开始处，最后就可以写文件了。

6.5 实例 《西游记》词频统计

【实例功能】 《西游记》是我国古代四大文学名著之一。师徒四人去西天取经，经历九九八十一难，终于取得真经的故事深入人心。那么，在《西游记》中，“唐僧”“悟空”“八戒”“沙僧”这 4 个词哪个出现的最多呢？这里用 Python 程序来统计一下，看看是否和你想象的一样？

【实例代码】

实例 6.py

```
import jieba
shitu=["唐僧","悟空","八戒","沙僧"]
xyj=open("西游记.txt","r",encoding="gbk")
txt=xyj.read()
words=jieba.lcut(txt)
tj={}
for i in shitu:
    tj[i]=words.count(i)
print(tj)
xyj.close()
```

【实例运行】

```
Building prefix dict from the default dictionary …
Dumping model to file cache C:\Users\sjfgh\AppData\Local\Temp\jieba.cache
Loading model cost 0.790 seconds.
Prefix dict has been built succesfully.
{'唐僧': 802, '悟空': 379, '八戒': 1677, '沙僧': 721}
```

程序运行结果显示“八戒”出现得最多，比出现第二多的唐僧多出一倍还多，这里需要说明的是：小说中每个人物可能都有若干个称呼，例如，“唐僧”可能被称为“师傅”“圣僧”等，本实例程序没有考虑这个问题。有兴趣的读者，可以进一步修改完善程序。

【解析】

在本实例中，统计了《西游记》文本中 4 个词的出现次数，是在对“西游记.txt”文件的读操作的基础上进行的统计分析。

读写文件时最常用的是 I/O 操作，第 3 行代码 xyj=open("西游记.txt","r",encoding="gbk")是读写文件的第 1 步打开文件，第 4 行代码 txt=xyj.read()是读文件，最后一行代码 xyj.close()是关闭文件。

在这个例子中，用到了一个第三方库 jieba 库，jieba 库是优秀的中文分词第三方库，中文不同于英文，英文每个单词间都有空格，中文的词与词之间紧密相连，没有分隔。因此，需要第三方库 jieba 库来完成分词的功能。这个库需要另外安装。类似地，在命令行窗口输入 pip install jieba，就可以完成安装了。本实例的第 5 行代码 words=jieba.lcut(txt)就使用了 jieba 库中的 lcut()方法，将保存西游记所有文本的变量 txt 进行分词，返回的结果 words 是分词生成的列表，列表的每个元素都是一个词。

例如，使用 lcut()方法对“我爱北京天安门。”进行分词，结果就是['我', '爱', '北京', '天安门', '。']。

```
>>> import jieba
>>> x=jieba.lcut("我爱北京天安门。")
>>> x
['我', '爱', '北京', '天安门', '。']
```

6.6 本章小结

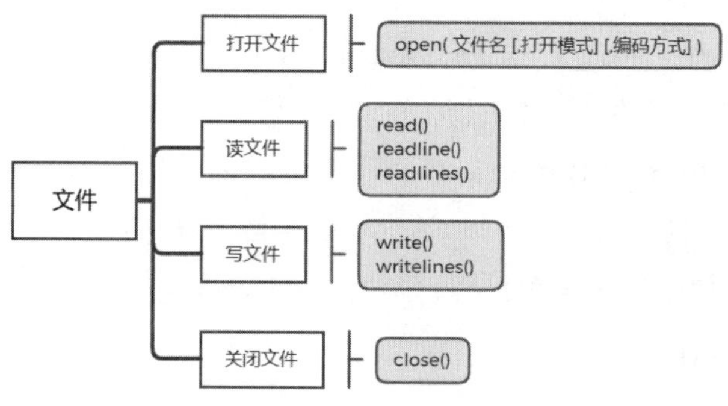

课后习题

一、选择题

1. 下列选项中，________不是使用 open()方法打开文件的合法打开模式。

   A. a　　　　B. r+

   C. wb+　　　　D. c

2. open()方法的默认文件打开方式是________。

   A. r　　　　B. r+

   C. w　　　　D. w+

3. 下列文件打开方式中，________不能对打开的文件进行写操作。

   A. w　　　　B. wt

   C. r　　　　D. a

4. 下列方法中，________方法不是 Python 对文件的读操作方法。

   A. read()　　　　B. readline()

   C. readtext()　　　　D. readlines()

5. 以下方法中，用于文件定位的方法是________。

   A. read()　　　　B. seek()

   C. write()　　　　D. open()

二、填空题

1. 已知 C 盘根目录下有一个文本文件 in.txt，如果程序中需要读出此文件内容，则打开文件的语句是________________________________。

2. 补全下列程序代码，完成以下功能。用户输入文件路径，以文本文件方式读入文件内容，并逐行打印。例如，C 盘根目录下有一个文本文件 in.txt，则用户输入“c:\\in.txt”。

```
fname=input("请输入要打开的文件：")
fo=open(_______,"r")
for line in ________:
    print(line)
fo.close()
```

三、编程题

1. 设计程序完成如下功能：D 盘根目录下的 data1.txt 文件中保存某班若干位学生的英语考试成绩，以逗号隔开，读取文件，计算并输出总分和平均分。

2. 设计程序完成如下功能：D 盘根目录下的 data2.txt 文件中保存若干个整数，以逗号隔开，用户从键盘输入一个整数，判断并输出这个数是否存在于文件中。

3. 设计程序完成如下功能：把字符串“Hello world!”写入 D 盘根目录下的 data3.txt 文件中。

4. 设计程序完成如下功能：已知列表 x 中保存有若干整数，x=[6,27,33,21,14,9]，将其中的最大值和最小值存入 D 盘根目录下的 data4.txt 文件中。

5. 设计程序完成如下功能：D 盘根目录下的 data5.txt 文件中是一首古诗，如图 6-7（a）所示；改写文件，在古诗前加上诗的名字“春晓”，在古诗后加上“作者：孟浩然”，如图 6-7（b）所示。

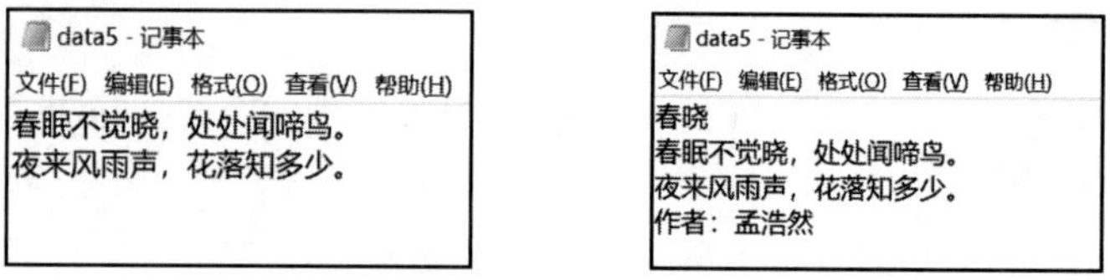

（a）程序运行前

（b）程序运行后

图 6-7　data5.txt 文件内容

第7章 科学计算与数据分析基础

学习目标

- 学会使用 numpy 库和 pandas 库进行矩阵分析和数值运算
- 学会使用 matplotlib 库绘制图形

科学计算是为了利用计算机进行数值计算而解决科学和工程中的数学问题，它不仅可以帮助科学工作者通过计算发现自然规律，还是普通人提升专业化程度的必要手段。Python 语言的第三方库 Scipy（包含 numpy 库、pandas 库以及 matplotlib 库等）使用方便简单，使得非专业人士也可以轻松进行专业的科学计算。

7.1 numpy 库的使用

numpy 库是高性能科学计算和数据分析的基础包，提供了重要的数据结构——*N* 维数组，即 ndarray，它是相同类型元素的集合，本书第 4 章介绍的列表也可以表示为数组，但是列表中元素的类型可以互不相同。

numpy 库是 Python 的第三方库，使用前需要先安装；安装后常使用 import numpy as np 来导入 numpy 库，np 是常用别名。

7.1.1 什么时候需要 numpy

科学计算中，经常会用到 *n*（*n*=1,2,3,⋯）维矩阵，1 维矩阵可以理解为一行数据，2 维矩阵是有行和列的数据表格。矩阵的计算复杂，使用 numpy 库可以大大简化计算的复杂度。

计算两个列表的乘积，不能直接使用乘法运算符，需要使用循环语句分别取出每个元素来计算，如果元素数量较多，Python 的循环低效性就将显现出来。但是，如果使用 numpy 库，不但可以直接计算，而且因为 numpy 库是 C 语言编写的，运算效率也较高。例如：

```
>>> a=[1,2,3]
>>> b=[2,4,6]
```

```
>>> c=a*b
Traceback (most recent call last):
  File "<pyshell#2>", line 1, in <module>
    c=a*b
TypeError: can't multiply sequence by non-int of type 'list'
>>> c=[]
>>> for i in range(len(a)):
    c.append(a[i]*b[i])
>>> c
[2, 8, 18]
>>> import numpy as np
>>> np.array(a)*np.array(b)
array([ 2,  8, 18])
```

7.1.2 创建 ndarray

创建 ndarray 的方法有很多，如表 7-1 所示。

表 7-1 创建 ndarray 的常用函数表

分 类	函 数	举 例

从 Python 的类似 array 的数据类型转换而来	array()	>>> np.array([1,2,3])
		array([1,2,3])
		>>> np.array((1,2,3))
		array([1,2,3])

numpy 库用来创建 ndarray 的内部函数	zeros()	>>> np.zeros((2,3)) Array([[0.,0.,0.], [0.,0.,0.]])
	ones()	>>> np.ones((2,3)) array([[1.,1.,1.], [1.,1.,1.]])
	arange()	>>> np.arange(2,3,0.2) array([2.,2.2,2.4,2.6,2.8])
	linspace()	>>> np.linspace(2,3,5) array([2.,2.25,2.5,2.75,3.])
特殊的库函数	random()	>>> np.random.rand(2,3) array([[0.49417606,0.81456322,0.28103888], [0.01292281,0.15490604,0.05986464]])

表 7-1 中给出了创建 ndarray 的常用函数范例，更为详细的参数说明、返回值说明以及范例，可以使用 help()函数获得。help()函数是 Python 中获得帮助的通用函数，是学习的好帮手。下面是获得 zeros()函数帮助信息的语句，由于运行结果较长，没有列出，读者可自行查看。

```
>>> help(np.zeros)
```

7.1.3 ndarray 的基本特性

ndarray 的常用属性中，ndim 是 ndarray 的维度的数量，也称为秩；shape 是 ndarray 的每个维度大小组成的元组；size 是 ndarray 中的元素的总个数；dtype 是 ndarray 中的元素的数据类型；itemsize 是 ndarray 中的元素占用的字节数。下面例子中创建了一个 2 行 3 列的由随机数组成的 ndarray，并通过实例运行显示各参数的含义。

```
>>> import numpy as np
>>> x=np.random.rand(2,3)
>>> x
array([[0.59887136, 0.59165017, 0.92151827],
       [0.22801505, 0.12739391, 0.45758655]])
>>> x.ndim           #ndim 属性是 ndarray 的维度的数量，也称为秩
2
>>> x.shape          #shape 属性是 ndarray 的每个维度大小组成的元组
(2, 3)
>>> x.size           #size 属性是 ndarray 中的元素的总个数
6
>>> x.dtype          #dtype 属性是 ndarray 中的元素的数据类型
dtype('float64')
>>> x.itemsize       #itemsize 属性是 ndarray 中的元素占用的字节数
8
```

7.1.4　ndarray 的基本操作

ndarray 的基本操作包括加减乘除运算、索引和切片、修改维度以及常用的统计运算。

1. 加减乘除运算

```
>>> a=[1,2,3]
>>> b=[4,5,6]
>>> a+b                                 #列表的加法运算，不是相应元素的加法
[1, 2, 3, 4, 5, 6]
>>> import numpy as np
>>> np.array(a)+np.array(b)             #两个 ndarray 的加法运算
array([5, 7, 9])
>>> np.array(a)-np.array(b)             #两个 ndarray 的减法运算
array([-3, -3, -3])
>>> np.array(a)*np.array(b)             #两个 ndarray 的乘法运算
array([4, 10, 18])
>>> np.array(a)/np.array(b)             #两个 ndarray 的除法运算
array([0.25, 0.4 , 0.5 ])
>>> 5*np.array(a)                       #普通数值和 ndarray 的运算
array([ 5, 10, 15])
```

2. 索引和切片

ndarray 的索引和切片与序列的索引和切片类似。例如：

```
>>> import numpy as np
>>> x=np.array([[[0,1,2],[3,4,5]],
                [[6,7,8],[9,10,11]]])
>>> x
array([[[ 0,  1,  2],
        [ 3,  4,  5]],
```

```
        [[ 6,  7,  8],
         [ 9, 10, 11]]]])
>>> x[0]
array([[0, 1, 2],
       [3, 4, 5]])
>>> x[-1]
array([[ 6,  7,  8],
       [ 9, 10, 11]])
>>> x[0,1]
array([3, 4, 5])
>>> x[0,1,2]
5
>>> x[:,0,0]
array([0, 6])
```

3. 修改维度

可以使用 reshape()方法修改数组的维度，同时保持原数组的值不变。

```
>>> import numpy as np
>>> x=np.ones((2,3))
>>> x
array([[1., 1., 1.],
       [1., 1., 1.]])
>>> y=x.reshape(3,2)
>>> y
array([[1., 1.],
       [1., 1.],
       [1., 1.]])
```

4. 常用的统计运算

常用的统计运算如表 7-2 所示。

表 7-2　numpy 库中的常用统计函数

函　数	功 能 描 述
sum()	按指定轴返回数组元素的和
mean()	按指定轴返回数组元素的平均值
max()	按指定轴返回数组元素的最大值
min()	按指定轴返回数组元素的最小值
var()	按指定轴返回数组元素的方差
std()	按指定轴返回数组元素的标准差
argmin()	按指定轴返回数组元素最小值的索引
argmax()	按指定轴返回数组元素最大值的索引

例如：

```
>>> x=np.array([[1,2,3],[4,5,6]])
```

```
>>> x.sum()                           #求 ndarray 中所有元素的和
21
>>> x.sum(axis=0)                     #按行求和
array([5, 7, 9])
>>> x.sum(axis=1)                     #按列求和
array([ 6, 15])
>>> x.mean()
3.5
>>> x.min()
1
>>> x.max()
6
>>> x.var()
2.9166666666666665
>>> x.std()
1.707825127659933
>>> x.argmin()
0
>>> x.argmax()
5
```

7.2　pandas 库的使用

pandas 库是以 numpy 库为基础构建的，通常用来处理表格型（关系型）的数据集或与时间序列相关的数据集。这一点与 numpy 库不同，numpy 库的优势是矩阵运算，pandas 提供了高效操作大型数据集所需的工具，提供了大量能快速、便捷地处理数据的函数和方法，是使 Python 成为强大而高效的数据分析环境的重要因素之一。

最好的理解 pandas 库中数据结构的方法，就是把它看作一个更低维数据的灵活的容器。例如，DataFrame 是 Series 的容器，Series 是 scalar（标量，pure quantity）的容器。

安装好 pandas 库之后，常使用 import pandas as pd 导入 pandas 库，pd 是常用的别名。

7.2.1　Series

Series（变长字典）是一种有序的字典，由一组数据以及一组与之相关的数据标签（即索引）组成。仅有一组数据也可以产生简单的 Series 对象。需要注意的是：Series 中的索引值是可以重复的。

1. Series 的创建

创建 Series 的基本方法是调用 Series()方法。

```
s = pd.Series(data, index=index)
```

其中，参数 data 可以是很多不同的类型，如字典、numpy 的 ndarray、标量数值（如数字 5）；参数 index 是标签列表。如果 data 是 ndarray，则给出的 index 必须和 data 长度相同；如果没有给出 index，则系统自动产生一个 index，即[0,1,⋯,len(data)-1]。例如：

```
>>> import pandas as pd
>>> import numpy as np
>>> s=pd.Series(np.random.rand(3),index=['a','b','c'])
>>> s
a    0.931964
b    0.194951
c    0.766217
dtype: float64
>>> s=pd.Series(np.random.rand(3))
>>> s
0    0.213746
1    0.858296
2    0.222178
dtype: float64
```

也可以将字典、纯数据转换成 Series。例如：

```
>>> d={'b':1,'a':0,'c':2}
>>> e=pd.Series(d)
>>> e
b    1
a    0
c    2
dtype: int64
```

```
>>> d=pd.Series(5,index=['a','b','c'])
>>> d
a    5
b    5
c    5
dtype: int64
```

2. Series 的操作

Series 的有些操作和 ndarray 相似。注意：使用整数索引对 Series 进行切片时，右侧最大索引值是不包括的，类似于字符串的切片。但是，使用标签索引对 Series 进行切片时，切片区间会包含右侧最大索引。例如：

```
>>> d=pd.Series({'b':1,'a':0,'c':2})
>>> d
b    1
a    0
c    2
dtype: int64
>>> d[0:2]                          #使用整数索引对 Series 进行切片
b    1
a    0
dtype: int64
>>> d["b":"a"]                      #使用标签索引对 Series 进行切片
b    1
a    0
dtype: int64
>>> d[d>d.median()]
c    2
dtype: int64
>>> d[[0,2]]
b    1
c    2
dtype: int64
```

```
>>> d[[2,1,1]]
c    2
a    0
a    0
dtype: int64
>>> np.exp(d)
b    2.718282
a    1.000000
c    7.389056
dtype: float64
```

Series 的有些操作和字典类似。例如：

```
>>> d=pd.Series({'b':1,'a':0,'c':2})
>>> d
b    1
a    0
c    2
dtype: int64
>>> d['a']
0
>>> 'd' in d
False
```

7.2.2　DataFrame

DataFrame 是二维的表格型数据结构，包含一组有序的列。每列可以是不同的数据类型（数值型、字符串型、布尔型等）。DataFrame 既有行索引也有列索引，可以将 DataFrame 理解为 Series 的容器。

本章 7.4 节实例中的 df=ts.get_k_data('000651',start='2019-01-01',end='2019-12-31')，df 就是一个 DataFrame，存储了格力空调自 2019 年开始的交易日（date）、开盘价（open）、收盘价（close）、最高价（high）、最低价（low）、成交量（volume）以及股票代码（code）。

1. DataFrame 的创建

从 Series 的字典创建 DataFrame。例如：

```
>>> d = {'one': pd.Series([1., 2., 3.], index=['a', 'b', 'c']),
    'two': pd.Series([1., 2., 3., 4.], index=['a', 'b', 'c', 'd'])}
>>> df=pd.DataFrame(d)
>>> df
   one  two
a  1.0  1.0
b  2.0  2.0
c  3.0  3.0
d  NaN  4.0
```

从 ndarray 或者列表的字典创建 DataFrame。例如：

```
>>> d={'one':[1,2,3,4],'two':[4,3,2,1]}
>>> df=pd.DataFrame(d)
>>> df
```

```
   one  two
0    1    4
1    2    3
2    3    2
3    4    1
```

实际应用中，一些数据通常存在 Excel 文件和 CSV（Comma-Separated Values，逗号分隔值）文件中，CSV 文件一般采用.csv 作为扩展名，可以通过记事本或者 Excel 打开。

DataFrame 对象也可以很方便地从这两种文件中导入或者导出数据。导入 Excel 文件的 read_excel()方法的语法格式如下：

```
pandas.read_excel(io, sheet_name = 0, header = 0)
```

其中，参数 io 是文件的路径字符串；参数 sheet_name 是工作表名称字符串，若此参数省略，则读取默认工作表；header 参数不写或者取 0 时表示第 1 行作为标题行，如果没有标题行，则 header 取 None。

假定 D 盘根目录下有数据文件 gj.xlsx，如图 7-1 所示，将其数据导入 DataFrame 中，可以使用语句 df=pd.read_excel("d:\\gj.xlsx")，代码如下：

A	B	C	D
股票名称	交易所	股价	成交量
格力电器	深圳	62.38	249793
中国平安	上海	81.03	491605
上海机场	上海	71.71	120156
长江电力	上海	17.89	237044
粤高速A	深圳	7.66	38425

图 7-1　Excel 文件 gj.xlsx 内容

```
>>> import pandas as pd
>>> df=pd.read_excel("d:\\gj.xlsx")
>>> print(df)
   股票名称 交易所  股价    成交量
0  格力电器  深圳   62.38  249793
1  中国平安  上海   81.03  491605
2  上海机场  上海   71.71  120156
3  长江电力  上海   17.89  237044
4  粤高速A   深圳    7.66   38425
```

DataFrame 对象也可以导出文件，如下 3 个语句分别导出为 Excel 文件、CSV 文件和 HTML 文件。

```
df.to_excel("result1.xlsx",sheet_name="Sheet1")
df.to_csv("result2.csv")
df.to_html("result3.html")
```

2. DataFrame 的操作

从语义上，可以把 DataFrame 理解为 Series 的字典。列的选择、增加以及删除等操作都和字典的操作类似。

```
>>> df["股价"]                              #选择列
0    62.38
1    81.03
```

```
2    71.71
3    17.89
4     7.66
Name: 股价, dtype: float64
>>> df[2:4]                                    #选择行
   股票名称 交易所 股价    成交量
2  上海机场  上海  71.71  120156
3  长江电力  上海  17.89  237044
>>> df[df["股价"]>50]                          #筛选出股价高于 50 的股票信息
   股票名称 交易所 股价    成交量
0  格力电器  深圳  62.38  249793
1  中国平安  上海  81.03  491605
2  上海机场  上海  71.71  120156
```

也可以使用 loc()方法设置筛选条件。如果有多个筛选条件，可以使用逻辑与运算符（&）和逻辑或运算符（|）。例如，筛选股价低于 30，并且成交量大于 200000 的股票。

```
>>> df.loc[(df["股价"]<30) & (df["成交量"]>200000)]
   股票名称 交易所  股价    成交量
3  长江电力  上海  17.89  237044
```

使用 groupby()方法可以进行分组，然后进行统计计算，代码如下：

```
>>> d=df.groupby("交易所")
>>> a=d.mean()
>>> a
           股价       成交量
交易所
上海    56.876667  282935
深圳    35.020000  144109
```

DataFrame 常用统计函数功能描述如表 7-3 所示。

表 7-3　DataFrame 常用统计函数

函 数 名	功 能 描 述
df.describe()	查看数据列的汇总统计信息
df.sum()	返回所有列的总和
df.mean()	返回所有列的平均值
df.count()	返回每列的非空值的个数
df.max()	返回每列的最大值
df.min()	返回每列的最小值
df.median()	返回每列的中位数
df.std()	返回每列的标准差

7.3　matplotlib 库的使用

matplotlib 库是 Python 的二维绘图库，可以生成符合出版规范的图形。pyplot 是常用的画图

模块，功能非常强大。安装 matplotlib 库后，常使用 import matplotlib.pyplot as plt 语句导入 pyplot 模块。plt 是 pyplot 的常用别名。

7.3.1 基本绘图函数 plot()

plot()函数是 pyplot 模块中最基本的绘图函数，常用的语法格式如下：

```
plot(x,y,fmt)
```

在函数中，x 表示横坐标的取值范围，是可选参数，省略 x 时默认用 y 数据集的索引作 x；y 表示与 x 相对应的纵坐标的取值范围；fmt 表示控制线型的格式字符串，是可选参数，省略时绘制的线型采用默认格式。可以通过设定格式字符串来控制点线的颜色、风格样式。plot()函数常用颜色符号含义如表 7-4 所示，plot()函数线条样式及线条上点的形状含义如表 7-5 所示。读者可以调用 help()函数查看 plot()函数的完整语法格式。

```
>>> import matplotlib.pyplot as plt
>>> help(plt.plot)
```

表 7-4 plot()函数的颜色符号及含义

颜色符号	含 义	颜色符号	含 义
r	红色（red）	y	黄色（yellow）
g	绿色（green）	k	黑色（black）
b	蓝色（blue）	w	白色（white）

表 7-5 plot()函数线条样式及线条上点的形状符号含义表

符 号	含 义	符 号	含 义
-	实线	<	左三角
--	长虚线	>	右三角
:	短虚线	^	上三角
-.	点画线	v	倒三角
.	点	s	正方形
,	像素	d	菱形
o	圆形	p	正五边形
*	星形	h	正六边形
|	竖线	+	十字形
x	叉号	None	空

使用 plot()函数绘制简单的变化关系图。例如，表示[1,2,3]和[1,4,9]的变化关系，如图 7-2 所示。可以把绘制的折线理解为经过 3 个点(1,1)、(2,4)和(3,9)的线；格式字符串为"bd-."，其中“b”表示蓝色，“d”表示 3 个点是菱形，“-.”表示线型是点画线。

```
>>> import matplotlib.pyplot as plt
```

```
>>> plt.plot([1,2,3],[1,4,9], "bd-.")
>>> plt.show()
```

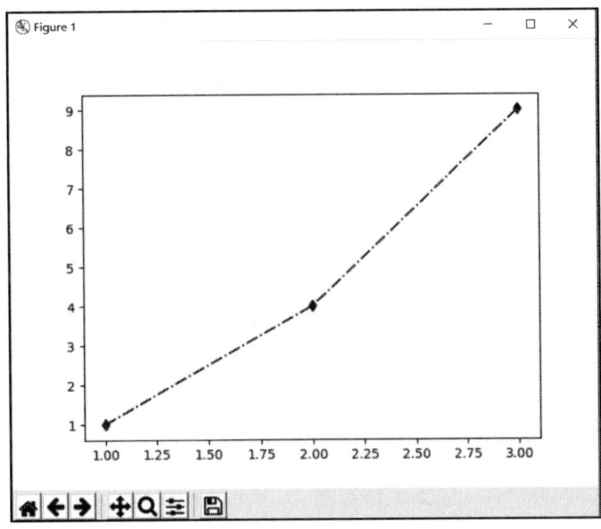

图 7-2　使用 plot()绘制的简单的变化关系

图 7-2 绘制的是简单的变化关系图，plt.plot()函数中还可以加入丰富的参数，包括点线的颜色、形状等。

对于绘制好的图形，可以对图形的坐标和标签进行个性化设置，常用坐标及标签设置函数如表 7-6 所示。

表 7-6　常用坐标轴及标签设置函数

函　数	功能说明
axis()	设置坐标轴属性
xlabel()、ylabel()	设置 x 轴和 y 轴的标签
title()	设置绘图区的标题
grid()	设置网格线是否出现
text()	在绘图区中指定位置显示文字
legend()	设置绘图区的图例

【例 7-1】 绘制 $y=x$、$y=x^2$ 和 $y=x^3$ 的函数图形。

【参考代码】

ex7-1.py

```
import numpy as np
import matplotlib.pyplot as plt
x=np.linspace(1,5,20)
plt.plot(x,x,"rh",x,x**2,"b*",x,x**3,"g^")
plt.axis([0,6,0,150])              #4 个参数分别是[xmin,xmax,ymin,ymax]
plt.xlabel("The value of x")
plt.ylabel("The value of y")
```

```
plt.title("The example of pyplot",color="r",fontsize=20)
plt.grid(True)
plt.text(4.5,80,"y1=x**3")
plt.text(5.1,22,"y2=x**2")
plt.text(5.1,5,"y3=x")
plt.legend(["y3=x","y2=x**2","y1=x**3"])
plt.show()
```

【运行结果】

例 7-1 的运行结果如图 7-3 所示。

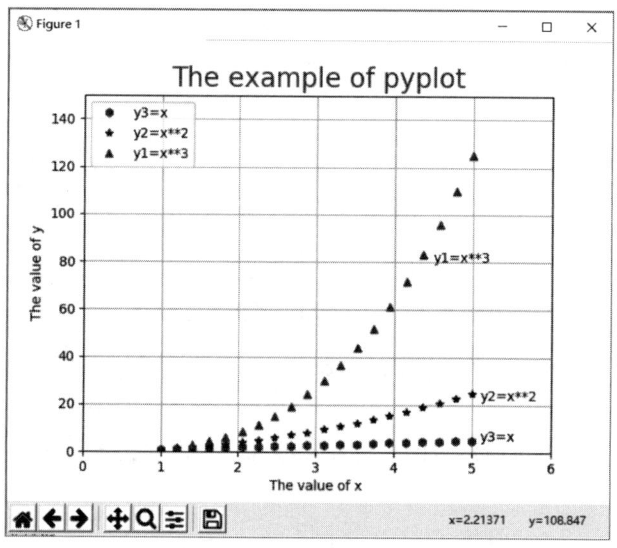

图 7-3　例 7-1 的运行结果

如果例 7-1 的运行结果中有中文字符，需要在代码中增加 plt.rcParams['font.sans-serif']=['SimHei']语句。此语句可以将中文设置为黑体，否则中文将显示为乱码，需要楷体可以将 SimHei 替换为 Kaiti，需要微软雅黑可以替换为 Microsoft YaHei。

7.3.2　其他常用绘图函数

除了 plt.plot()函数，pyplot 模块还提供了绘制散点图、饼图、直方图、箱形图等多种图形的函数，如表 7-7 所示。

表 7-7　常用绘图函数表

函　数	功 能 描 述
boxplot()	绘制箱形图
bar()	绘制条形图
barh()	绘制横向条形图
polar()	绘制极坐标图
pie()	绘制饼图

续表

函　　数	功 能 描 述
psd()	绘制功率谱密度图
scatter()	绘制散点图
step()	绘制步阶图
stem()	绘制火柴杆图
hist()	绘制直方图
contour()	绘制等值线图
vlines()	绘制垂直线图

7.3.3　绘制子图

如果需要在一个绘图区域中绘制多个不叠加的图形，以便同时查看比较，需要用到 pyplot 模块中的 subplot() 函数。subplot() 函数的语法格式如下：

```
subplot(nrows,ncols,index)
```

其中，nrows 表示将绘图区分割为 nrows 行；ncols 表示将绘图区分割为 ncols 列；index 表示当前子绘图区的索引。子绘图区索引按照行优先顺序，从 1 开始编排序号，依次增 1。2 行 2 列的 4 个子图绘制区域示意如图 7-4 所示。

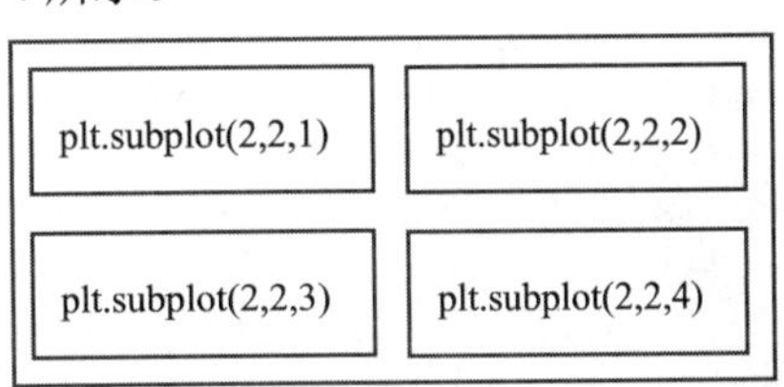

图 7-4　2 行 2 列的 4 个子图绘制区域示意图

【例 7-2】在一个绘图区域的 2 行 2 列的 4 个子图绘制区中，分别绘制 1980—2018 年我国人均国民生产总值的 4 个变化图（条形图、散点图、饼图和火柴杆图）。

【参考代码 a】

ex7-2a.py

```
import matplotlib.pyplot as plt
x={1980:468,1990:1663,2000:7942,2010:30808,2018:64644}
plt.subplot(2,2,1)
plt.bar(x.keys(),x.values())
plt.subplot(2,2,2)
plt.scatter(x.keys(),x.values())
plt.subplot(2,2,3)
plt.pie(x.values(),labels=x.keys())
plt.subplot(2,2,4)
plt.stem(x.keys(),x.values(),use_line_collection=True)
plt.show()
```

【运行结果 a】

例 7-2 的运行结果 a 如图 7-5 所示。

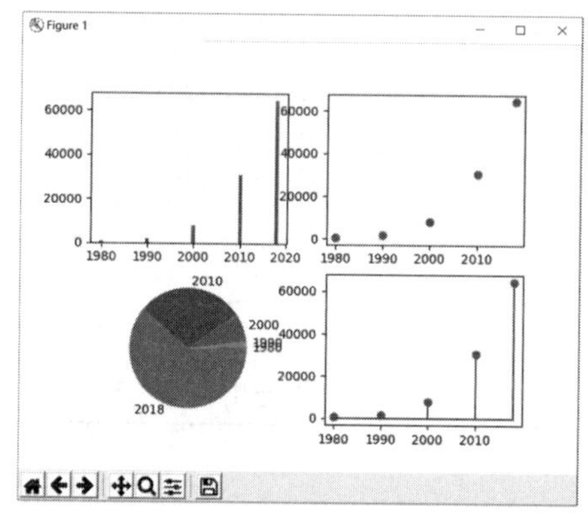

图 7-5　例 7-2 运行结果 a

从图 7-5 中可以看出，图中出现了图和图之间的重叠。为了解决这个问题，可以使用参考代码 b 中的第 3 行代码 fig，axs = plt.subplots(2, 2, constrained_layout=True)，改进后的代码没有出现交叠问题，如图 7-6 所示。

【参考代码 b】

ex7-2b.py

```
1    import matplotlib.pyplot as plt
2    x={1980:468,1990:1663,2000:7942,2010:30808,2018:64644}
3    fig,axs = plt.subplots(2, 2, constrained_layout=True)
4    axs.flat[0].bar(x.keys(),x.values())
5    axs.flat[1].scatter(x.keys(),x.values())
6    axs.flat[2].pie(x.values(),labels=x.keys())
7    axs.flat[3].stem(x.keys(),x.values(),use_line_collection=True)
8    plt.show()
```

【运行结果 b】

例 7-2 的运行结果 b 如图 7-6 所示。

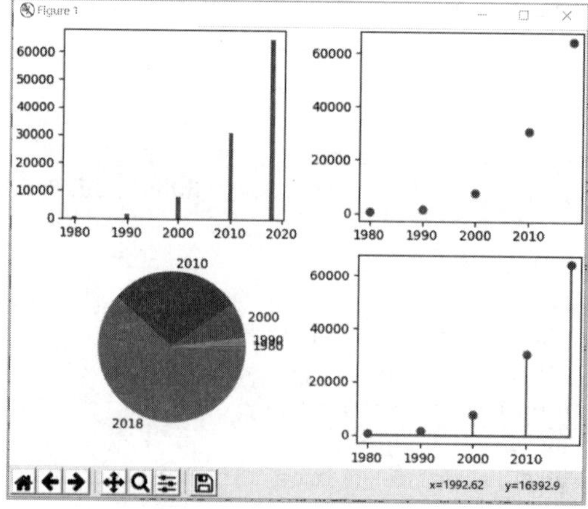

图 7-6　例 7-2 运行结果 b

7.4　实例 股票数据可视化

【实例功能】

通过调用财经数据接口包 Tushare，获得格力空调 2019 年以来的每日收盘价，并计算出 5 日均线和 30 日均线。通过绘图可视化，观察格力空调股价的走势。

【实例代码】

实例 7.py

```
import tushare as ts
import numpy as np
import matplotlib.pyplot as plt
plt.rcParams['font.sans-serif']=['SimHei']
df=ts.get_k_data('000651',start='2019-01-01',end='2019-12-31')
df["ma5"]=np.NAN
df["ma30"]=np.NAN
df['ma5'] = df['close'].rolling(5).mean()    #窗口向下滚动 5 个
df['ma30'] = df['close'].rolling(30).mean()  #窗口向下滚动 30 个
df[['close','ma5','ma30']].plot()
plt.title('2019 年格力空调股价走势',fontsize=15)
plt.show()
```

【实例运行】

实例的运行结果如图 7-7 所示。

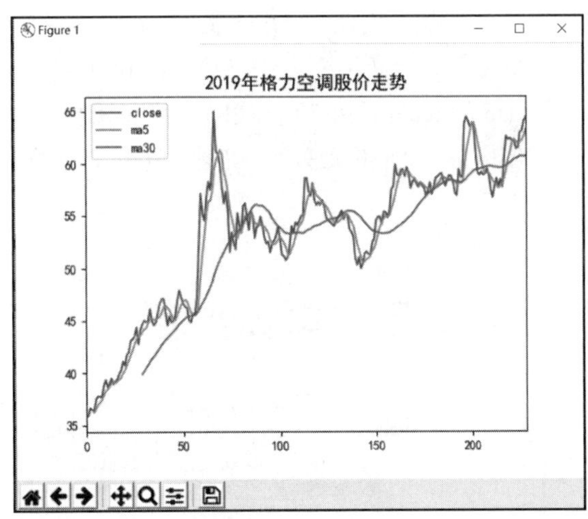

图 7-7　实例运行结果

【解析】

Tushare 是一个免费、开源的 Python 财经数据接口包，主要实现对股票等金融数据从数据采集、清洗加工到数据存储的过程，能够为金融分析人员提供快速、整洁和多样的、便于分析的数据，为他们在数据获取方面极大地减轻工作量，使他们更加专注于策略和模型的研究与实现。考虑到 pandas 库在金融量化分析中体现出的优势，Tushare 返回的绝大部分的数据格式都是 pandas 的 DataFrame 类型，非常便于用 pandas/numpy/matplotlib 进行数据分析和可视化。需要说明的是：现在 Tushare 接口包不再维护，Tushare pro 新版发布，用户可以注册使用。

实例 7 的第 1 行代码的功能是导入 Tushare 接口包，第 2 行代码的功能是导入 numpy 库，第 3 行代码的功能是导入 matplotlib 库，这 3 个库都需要安装后才能使用，安装方法请参考本书第 1 章的图 1-6。第 4 行代码的功能是解决图标中的中文显示问题，如果没有这句代码，图表中的中文将不能被正常显示。第 5 行代码 df=ts.get_k_data('000651',start='2019-01-01',end='2019-12-31')中，“000651”是格力电器的股票代码，start 参数表示获取数据的开始时间，end 参数表示获取数据的结束时间，返回变量 df 是一个 240 行 7 列的 DataFrame。其中，238 行记录，每行记录是一个交易日的数据；7 列分别为日期（date）、开盘价（open）、收盘价（close）、最高价（high）、最低价（low）、成交量（volume）以及股票代码（code）。下面是 df 的内容。

```
           date   open  close   high    low    volume    code
0    2019-01-02  36.45  35.80  36.45  35.70  424789.0  000651
1    2019-01-03  35.80  35.92  36.19  35.75  258798.0  000651
2    2019-01-04  35.72  36.65  36.70  35.56  489612.0  000651
3    2019-01-07  36.88  36.48  36.96  36.25  392690.0  000651
4    2019-01-08  36.41  36.34  36.42  36.03  193021.0  000651
..          ...    ...    ...    ...    ...       ...     ...
235  2019-12-27  65.15  64.53  65.76  64.40  249793.0  000651
236  2019-12-30  64.57  65.58  65.70  64.05  264579.0  000651
237  2019-12-31  65.35  65.58  65.86  64.80  209307.0  000651

[238 rows x 7 columns]
```

第 6 行和第 7 行代码是给 df 增加新的两列 5 日均线（ma5）和 30 日均线（ma30），初始值设置为 numpy 中的空值 NAN；第 8 行和第 9 行代码则使用 rolling()函数自动向下取数据以及 mean()函数求平均值来计算 ma5 和 ma30；第 10 行代码使用 plot()函数来绘制图表；第 11 行代码将图表的标题设置为“2019 年格力空调股价走势”，字体大小为 15；第 12 行代码中的 plt.show()函数的功能是显示图表。

7.5 本章小结

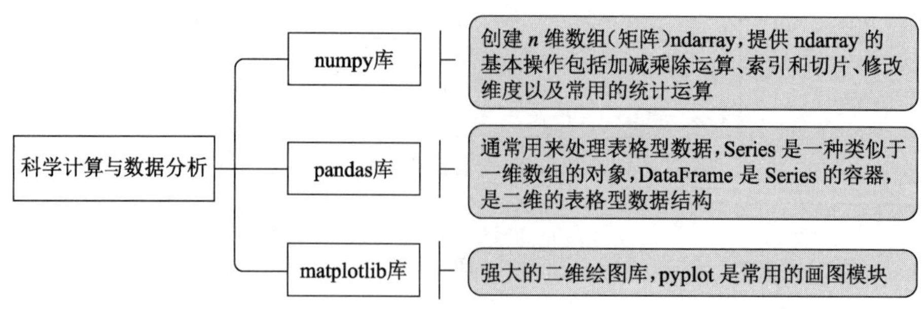

课后习题

一、选择题

1. 下列不属于 ndarray 属性的是________。

   A. ndim　　B. shape　　C. size　　D. add

2. 创建一个 3 行 3 列的 ndarray 数组，下列代码中错误的是________。

   A. np.arange(0,9).reshape(3,3)　　B. np.array([3,3])

   C. np.random.rand(3,3)　　D. np.zeros((3,3))

3. 下列参数中，调整后显示中文的是________。

   A. lines.linestyle　　B. lines.linewidth

   C. font.sans-serif　　D. axes.unicode_minus

4. 下列代码中，绘制散点图的是________。

   A. plt.scatter(x,y)　　B. plt.plot(x,y)

   C. plt.legend('upper left')　　D. plt.xlabel('散点图')

5. 下列字符表示plot线条颜色、线条样式以及点的形状和类型为红色星点短虚线的是____。

   A. 'bs-'　　B. 'go-'　　C. 'r+-'　　D. 'r*:'

二、填空题

1. 生成范围在 0～1、服从均匀分布的 10 行 5 列的数组，可以使用________________语句。

2. 需要在一个绘图区域创建 3 行 2 列的子图绘制区域的其中一个，可以使用 plt._____(3,2,4) 语句。

第 8 章 网络爬虫基础

学习目标

- 理解爬虫程序的基本结构
- 学会使用 requests 库连接 HTML 网页
- 学会使用 Beautiful Soup 库解析 HTML 网页

在大数据时代，信息的采集是一项重要的工作。如果单纯靠人力进行信息采集，不仅低效烦琐，搜集的成本也会提高。搜索引擎作为辅助程序员检索信息的工具，无法定向获取网页信息并分析网页资源。因此，网络爬虫程序出现了。

8.1 爬虫程序概述

网络爬虫也叫网络机器人，可以代替人们自动在互联网中进行数据信息的采集与整理。一个爬虫程序从网上爬取数据的大致过程如图 8-1 所示，可以概括为：向特定的网站服务器发出请求，服务器返回请求的网页数据，爬虫程序收到服务器返回的网页数据并加以解析提取，最后把提取出的数据进行处理和存储。因此，一个爬虫程序主要分为三大部分：向服务器请求并获取网页数据、解析网页数据、数据处理和存储。

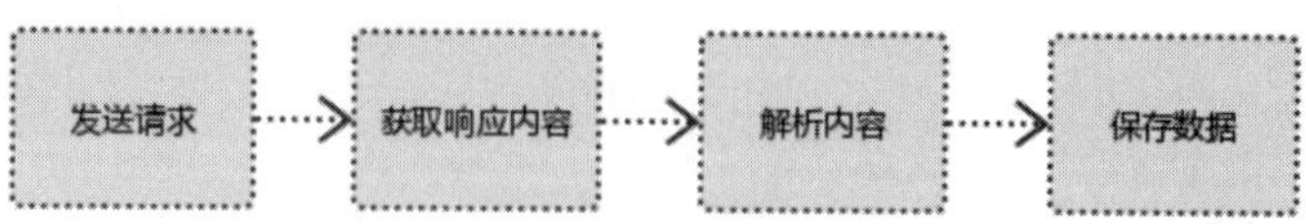

图 8-1　网络爬虫程序工作流程

爬虫可以分为善意的和恶意的，善意的爬虫一般会自觉遵守 Robots 协议，只爬取对方愿意让读者爬的数据，并且不会对对方的服务器造成太大影响。Robots 协议（the robots exclusive protocol，爬虫排除协议），主要用于规范网络爬虫抓取的方式，即哪些网页可以被抓取，哪些网页不可以被抓取，是一种道德约束。当需要使用网络爬虫在某网站爬取数据时，应该首先查看该站点根目录下是否有 robots.txt 文件。如果有此文件，则按照文件中的规则进行访问和爬取；如果没有此文件，则说明该网站的数据爬取没有任何限制。京东 Robots 协议如图 8-2 所示。

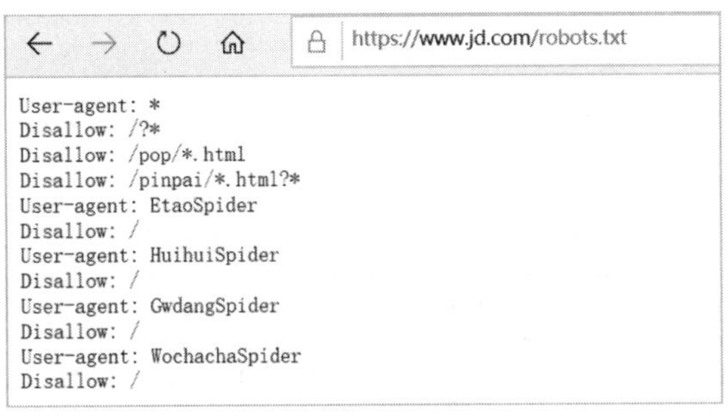

图 8-2　京东 Robots 协议

Robots 协议中主要有两个参数。

（1）User-agent：表示爬虫程序的名字。后面跟*表示任意爬虫；后面跟 ETaoSpider、GwdangSpider、HuihuiSpider 和 WochachaSpider 则是 4 个特定的爬虫程序。

（2）Disallow：表示禁止抓取的文件。对于京东，ETaoSpider、GwdangSpider、HuihuiSpider 和 WochachaSpider 的 Disallow 后面只有一个“/”，这表示网站根目录下所有文件夹都是禁止被爬取的，说明这 4 个爬虫被列入了黑名单。在图 8-2 中可以看到，没有被特别提到的爬虫程序，则需要遵守三条 Disallow，分别是：“Disallow:/?*”表示禁止爬取以问号开始的任何文件，这里*表示任意字符；“Disallow:/pop/*.html”表示禁止爬取 pop 文件夹下的任何 HTML 文件；“Disallow:/pinpai/*.html?*”表示禁止爬取 pinpai 文件夹下所有文件名含有字符.html?的文件。需要说明的是：Robots 协议仅是一个道德规范，并不能强行阻止那些用于比价的爬虫爬取数据。

当然，不遵守 Robots 协议爬取到的数据会受限，而且爬取效率也会很低，因此就自然会滋生很多的恶意爬虫。这种爬虫不但想方设法爬取对方不想泄露的信息，而且也会多进程高速度地爬取，给对方带来很多无效访问，造成服务器资源浪费。因此，很多网站也开发了反爬虫策略来抵制这些恶意爬虫。

8.2　requests 库的使用

在 Python 中，requests 库是用来发出标准的 HTTP 请求的第三方库，它把请求背后的复杂步骤抽象成了一个简单易用的调用接口，以便用户可以专注于在应用程序中使用数据。requests 库可以选择多种语言版本，包括中文。因为 requests 库是第三方库，所以在使用前需要安装。打开“命令提示符”窗口，输入安装语句 pip install requests，回车即可自动安装。

爬取网页时，通常客户机会发出一个代表 HTTP 请求的 Request 对象给 Web 服务器，Web 服务器则返回一个代表响应结果的 Response 对象给客户机。如果访问正常，Response 对象中包含访问的服务器资源，如图 8-3 所示。

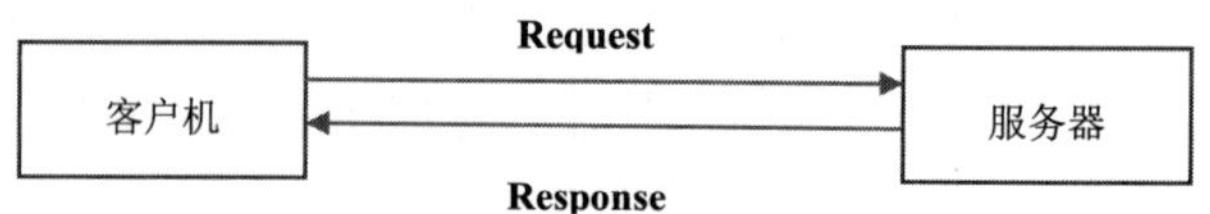

图 8-3 爬取网页一般过程示意图

requests.request()方法是构造 HTTP 请求 Request 对象的基本方法。另外，还有 6 个常用的构造请求的方法，如表 8-1 所示。

表 8-1 requests 库中的构造请求方法表

方 法	说 明
request()	构造一个访问请求的基础方法
get()	获取 HTML 网页的主要方法，对应 HTTP 的 get
head()	获取 HTML 网页头信息的方法，对应 HTTP 的 head
post()	向 HTML 网页提交 post 请求，对应 HTTP 的 post
put()	向 HTML 网页提交 put 请求，对应 HTTP 的 put
patch()	向 HTML 网页提交局部修改请求，对应 HTTP 的 patch
delete()	向 HTML 网页提交删除请求，对应 HTTP 的 delete

带可选参数的请求方式如下：

```
requests.request(method,url,**kwargs)
```

其中，method 是请求方式，对应 get/put/post 等操作方法；url 是获取页面的 URL 地址；**kwargs 是控制访问的参数，均为可选项，共 13 个。

（1）params：字典或字节序列，作为参数增加到 url 中。

（2）data：字典、字节序列或文件对象，作为 request 的内容。

（3）json：JSON 格式的数据，作为 request 的内容。

（4）headers：字典，HTTP 定制头。

（5）cookies：字典或 cookieJar，request 中的 cookie。

（6）files：字典类型，传输文件。

（7）timeout：设置超时时间，以秒为单位。

（8）proxies：字典类型，设置访问代理服务器，可以增加登录验证。

（9）allow_redirects：True/False，默认为 True，重定向开关。

（10）stream：True/False，默认为 True，获取内容立即下载开关。

（11）verify：True/False，默认为 True，认证 SSL 证书开关。

（12）cert：本地 SSL 证书路径。

（13）auth：元组类型，支持 HTTP 认证功能。

方法 requests.request("GET",url,**kwargs)与方法 requests.get(url,params=None,**kwargs)功能相同，参数含义类似。例 8-2 的参考代码 b 中的第 5 行使用了 headers 参数，例 8-3 参考代码中的第 5 行使用了 params 参数，8.4 节实例代码的第 15 行使用了 timeout 参数。

请求返回的 Response 对象的属性如表 8-2 所示。

表 8-2　Response 对象的属性

属　性	说　明
status_code	HTTP 请求返回的状态，200 表示连接成功，404 表示连接失败
text	HTTP 请求返回的字符串形式，即 URL 对应的页面内容
content	HTTP 请求返回的二进制数据
encoding	从 HTTP header 中判断的内容编码方式
apparent_encoding	从内容中分析出的内容编码方式

如果 r.encoding 的返回值是“ISO-8859-1”，这种编码方式不能显示中文，需要使用 r.encoding="utf-8"将编码方式改成“utf-8”，才能正常显示中文。

网络连接时，有时会产生异常，各类异常及说明如表 8-3 所示。

表 8-3　requests 异常表

异 常 名 称	说　明
requests.ConnectionError	网络连接错误异常
requests.HTTPError	HTTP 错误异常
requests.URLRequired	URL 缺失异常
requests.TooManyRedirects	超过最大重定向次数，产生重定向异常
requests.ConnectTimeout	连接远程服务器超时异常
requests.Timeout	请求 URL 超时异常

【例 8-1】爬取京东上某手机页面中的前 500 个字符。

【参考代码】

ex8-1.py

```
import requests
url="https://item.jd.com/100009177408.html"
try:
    r=requests.get(url)
    r.encoding =r.apparent_encoding
    print(r.text[:500])
except IOError as e:
    print(str(e))
```

【运行结果】

```
<!DOCTYPE HTML>
<html lang="zh-CN">
<head>
    <!-- shouji -->
    <meta http-equiv="Content-Type" content="text/html; charset=gbk" />
    <title>【华为 Mate 30 Pro 5G】华为 HUAWEI Mate 30 Pro 5G 麒麟 990 OLED 环幕屏
双 4000 万徕卡电影四摄 8GB+512GB 丹霞橙 5G 全网通游戏手机【行情 报价 价格 评测】-京东</title>
```

```
    <meta name="keywords" content="HUAWEIMate 30 Pro 5G,华为 Mate 30 Pro 5G,华为 Mate 30 Pro 5G报价,HUAWEIMate 30 Pro 5G报价"/>
    <meta name="description" content="【华为 Mate 30 Pro 5G】京东 JD.COM 提供华为 Mate 30 Pro 5G正品行货，并包括 HUAWEIMate 30 Pro 5G网购指南，以及华为 Mat
```

【例 8-2】 爬取当当网某图书页面中的前 500 个字符。

【参考代码 a】

ex8-2a.py

```
import requests
url=" http://product.dangdang.com/27943377.html "
try:
    r=requests.get(url)
    r.encoding =r.apparent_encoding
    print(r.text[:500])
except IOError as e:
    print(str(e))
```

【运行结果 a】

```
HTTPConnectionPool(host='127.0.0.1', port=80): Max retries exceeded with url: /27943377.html (Caused by NewConnectionError('<urllib3.connection.HTTPConnection object at 0x000001EAC58EBE08>: Failed to establish a new connection: [WinError 10061] 由于目标计算机积极拒绝，无法连接。'))
```

【解析】

报错原因：当当网拒绝不合理的浏览器访问。修改代码，在 get()方法中明确使用的浏览器是符合 Mozilla 标准的。

【参考代码 b】

ex8-2b.py

```
import requests
url="http://product.dangdang.com/27943377.html"
try:
    h = {'user-agent':'Mozilla/5.0'}
    r=requests.get(url,headers=h)
    print(r.request.headers)
    r.encoding =r.apparent_encoding
    print(r.text[:500])
except IOError as e:
    print(str(e))
```

【运行结果 b】

```
{'user-agent': 'Mozilla/5.0', 'Accept-Encoding': 'gzip, deflate', 'Accept': '*/*', 'Connection': 'keep-alive'}
<!DOCTYPE html>
<html>
<head>
    <title>《华为没有成功，只有成长：任正非传》(林超华)【简介_书评_在线阅读】 - 当当图书</title>
```

```
        <meta http-equiv="X-UA-Compatible" content="IE=Edge">
    <meta name="description" content="当当网图书频道在线销售正版《华为没有成功，只有成长：任正非传》，作者：林超华，出版社：华中科技大学出版社。最新《华为没有成功，只有成长：任正非传》简介、书评、试读、价格、图片等相关信息，尽在 DangDang.com，网购《华为没有成功，只有成长：任正非传》，就上当当网。">
    <meta charset="gbk">
    <link href="/27943377.html" rel="canonical">
    <link href="/??css/style.min.css,css/comment.min.css,css/iconfont.css?v=4652224415" rel="stylesheet" charset="gb
```

【例 8-3】爬取新浪网财经专栏中长江电力的股票数据。

【参考代码】

ex8-3.py

```
import requests
gpdm="sh600900"
try:
    kv = {'list':gpdm}
    r = requests.get("http://hq.sinajs.cn/",params=kv)
    r.encoding =r.apparent_encoding
    print(r.text[:500])
except IOError as e:
    print(str(e))
```

【运行结果】

```
    var hq_str_sh600900="长江电力,18.500,18.470,18.570,18.650,18.450,18.550,18.570,15438377,286562117.000,100,18.550,3200,18.540,4100,18.530,35081,18.520,12700,18.510,49800,18.570,91900,18.580,82400,18.590,63300,18.600,32300,18.610,2020-01-03,15:00:05,00,";
```

8.3　Beautiful Soup 库的使用

Beautiful Soup 库是一个非常优秀的 Python 扩展库，可以用来从 HTML 或 XML 文件中提取有用的数据，并且允许指定使用不同的解析器。其官方网站 https://www.crummy.com/software/BeautifulSoup/bs4/doc.zh/提供了包括中文在内的多种语言的帮助文档。该库可以解析、遍历、维护“标签树”（例如，HTML、XML 等格式的数据对象），可以很方便地解析 requests 库请求的网页，并把网页源代码解析为 Soup 对象，以便过滤提取的数据。Beautiful Soup 库除了支持 HTML 文件，也支持 XML 文件。可以通过该库中的 find()方法、find_all()方法、selector()方法定位提取需要的数据，其中的参数以及定位原则可以查看官方网站帮助文档。

目前，Beautiful Soup 库的最新版本是 4.x 版本，安装命令如下：

```
pip install beautifulsoup4
```

Beautiful Soup 库中最基本的函数是可以创建一个 Beautiful Soup 对象的 BeautifulSoup()函数，这个函数需要两个参数，第 1 个参数是需要解析的网页内容，第 2 个参数是解析器名称。

常用解析器如表 8-4 所示。通常情况下解析 HTML 网页使用 HTML 解析器即可，如果需要使用 lxml 库，需要使用 pip install lxml 语句安装。

表 8-4　常用解析器对比表

解 析 器	使 用 方 法	特　点
Python 标准库	BeautifulSoup(markup,"html.parser")	内置库，执行速度较快，容错性强
lxml HTML 解析器	BeautifulSoup(markup,"lxml")	速度快，容错性强，需要安装 lxml 库
lxml XML 解析器	BeautifulSoup(markup,"xml")	速度快，唯一支持 XML 的解析库，需要安装 lxml 库
html5lib	BeautifulSoup(markup,"html5lib")	容错性最好，生成 HTML5 格式的文档，速度慢

8.3.1　Beautiful Soup 的 4 种对象

Beautiful Soup 将 HTML 文档转换成一个树形结构，通常称为文档树或标签树，树的每个节点都是 Python 对象，所有对象可以归纳为 4 种：Tag、NavigableString、BeautifulSoup 和 Comment，功能说明如表 8-5 所示。

表 8-5　Beautiful Soup 对象的功能说明

基 本 元 素	功 能 说 明
Tag	标签：基本信息组织单元，分别用<>和</>标明开头和结尾； 标签的名字：格式为<tag>.name ，例如，<p></p>的名字是'p'； 标签的属性：以字典形式组织，格式为<tag>.attrs
NavigableString	标签内非属性字符串：<>…<>中的字符串；格式：<tag>.string
BeautifulSoup	对应整个文档，不是某种标签，没有 Tag 对象的属性，通常从它开始遍历或者搜索文档树
Comment	标签内字符串的注释部分，一种特殊的 Comment 类型

8.3.2　遍历标签树

为了访问标签树的所有节点，需要对标签树进行遍历，按照遍历的不同顺序可以分为 3 种：上行遍历、下行遍历和平行遍历。针对这 3 种不同的遍历顺序，Tag 对象提供了若干属性来实现相应的访问，如图 8-4 以及表 8-6 所示。

1. 下行遍历

下行遍历就是从树形结构的上层往下访问，常用到 contents、children 和 descendants 属性。

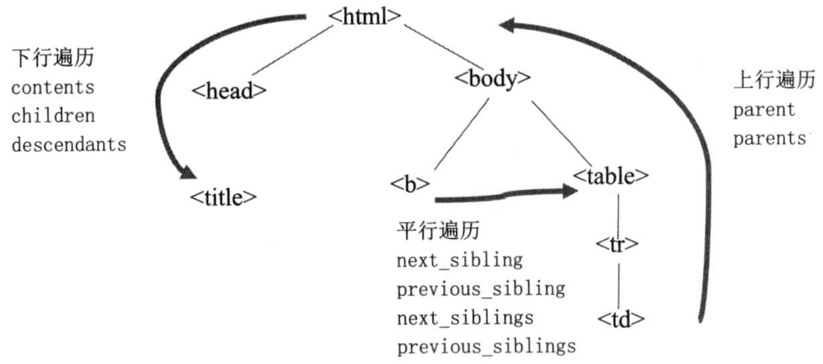

图 8-4 标签树的遍历方法与属性图

表 8-6 标签树遍历的常用属性表

遍历顺序	属性	功能说明
下行遍历	contents	子节点：被上级标签包含的标签，如<title>是<head>的子节点。contents 返回的是子节点列表，使用列表方式访问子节点；children 返回子节点生成器，使用循环访问子节点
	children	
	descendants	后代节点、子节点及其所有下级节点：如<p>、<b>、<a>都是<body>的后代节点，返回后代节点生成器，使用循环访问子节点
上行遍历	parent	父节点：一个节点的直接上级节点
	parents	先辈节点：一个节点的所有上级节点
平行遍历	next_sibling	后兄弟节点：后一个平级的节点
	previous_sibling	前兄弟节点：前一个平级的节点
	next_siblings	后兄弟们节点：后面所有的平级节点
	previous_siblings	前兄弟们节点：前面所有的平级节点

2. 上行遍历

上行遍历就是从树形结构的下层往上访问，常用到 parent 和 parents 属性。

3. 平行遍历

在 HTML 文档代码中，经常会有很多相同类型的标签连续出现，用来展示一些数据列表或者数据表格。此时，这些同类型标签之间是平级的关系，因此可以把这些标签称为兄弟节点 next_sibling、previous_sibling、next_siblings 和 previous_siblings。

【例 8-4】 创建 HTML 网页“电影排行榜”，分别使用下行遍历、上行遍历和平行遍历 3 种方法遍历该网页的所有节点。

【解析】

因为现实中的网页结构比较复杂，为了说明问题，这里创建了一个 HTML 文件，方法是打开程序“记事本”，输入以下内容，保存为“xj.html”，使用浏览器打开后如图 8-5 所示。

```
<html>
  <head>
    <title>电影排行榜</title>
```

```
    </head>
    <body>
      <b>最受欢迎的喜剧电影</b>
      <table width="400px" border="1">
        <tr><td>电影名</td><td>国家和地区</td><td>评分</td></tr>
        <tr><td>美丽人生</td><td>意大利</td><td>9.5</td></tr>
        <tr><td>摩登时代</td><td>美国</td><td>9.3</td></tr>
        <tr><td>大话西游</td><td>中国香港</td><td>9.2</td></tr>
        <tr><td>寻梦环游记</td><td>美国</td><td>9.1</td></tr>
      </table>
    </body>
</html>
```

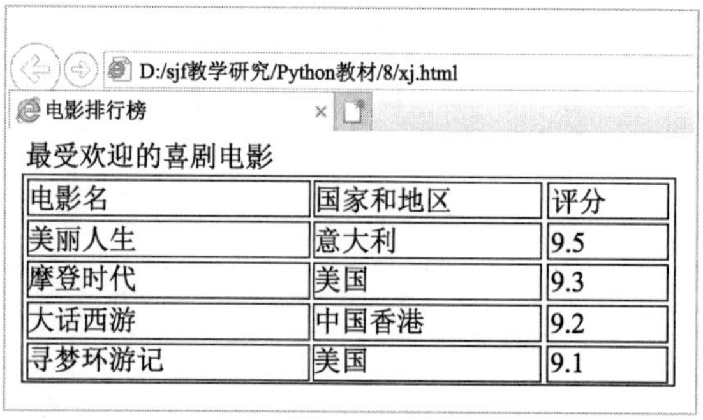

D:/sjf教学研究/Python教材/8/xj.html

电影排行榜

最受欢迎的喜剧电影

电影名	国家和地区	评分
美丽人生	意大利	9.5
摩登时代	美国	9.3
大话西游	中国香港	9.2
寻梦环游记	美国	9.1

图 8-5　xj.html 网页

【参考代码 a】

ex8-4a.py

```python
from bs4 import BeautifulSoup
h=open("xj.html")
t=h.read()
soup=BeautifulSoup(t,"html.parser")
print(soup.table.contents)              #使用 contents 属性下行遍历
```

【运行结果 a】

```
['\n', <tr><td>电影名</td><td>国家和地区</td><td>评分</td></tr>, '\n', <tr><td>美丽人生</td><td>意大利</td><td>9.5</td></tr>, '\n', <tr><td>摩登时代</td><td>美国</td><td>9.3</td></tr>, '\n', <tr><td>大话西游</td><td>中国香港</td><td>9.2</td></tr>, '\n', <tr><td>寻梦环游记</td><td>美国</td><td>9.1</td></tr>, '\n']
```

【参考代码 b】

ex8-4b.py

```python
from bs4 import BeautifulSoup
h=open("xj.html")
t=h.read()
soup=BeautifulSoup(t,"html.parser")
for child in soup.table.children:    #使用 children 属性下行遍历
    if child!="\n":
        print(child)
```

【运行结果 b】

```
<tr><td>电影名</td><td>国家和地区</td><td>评分</td></tr>
<tr><td>美丽人生</td><td>意大利</td><td>9.5</td></tr>
<tr><td>摩登时代</td><td>美国</td><td>9.3</td></tr>
<tr><td>大话西游</td><td>中国香港</td><td>9.2</td></tr>
<tr><td>寻梦环游记</td><td>美国</td><td>9.1</td></tr>
```

【参考代码 c】

ex8-4c.py

```
from bs4 import BeautifulSoup
h=open("xj.html")
t=h.read()
soup=BeautifulSoup(t,"html.parser")
for child in soup.table.descendants:   #使用 descendants 属性下行遍历
    if child!="\n":
        print(child)
```

【运行结果 c】

```
<tr><td>电影名</td><td>国家</td><td>评分</td></tr>
<td>电影名</td>
电影名
<td>国家和地区</td>
国家和地区
<td>评分</td>
评分
<tr><td>美丽人生</td><td>意大利</td><td>9.5</td></tr>
<td>美丽人生</td>
美丽人生
<td>意大利</td>
意大利
<td>9.5</td>
9.5
<tr><td>摩登时代</td><td>美国</td><td>9.3</td></tr>
<td>摩登时代</td>
摩登时代
<td>美国</td>
美国
<td>9.3</td>
9.3
<tr><td>大话西游</td><td>中国香港</td><td>9.2</td></tr>
<td>大话西游</td>
大话西游
<td>中国香港</td>
中国香港
<td>9.2</td>
9.2
<tr><td>寻梦环游记</td><td>美国</td><td>9.1</td></tr>
```

```
<td>寻梦环游记</td>
寻梦环游记
<td>美国</td>
美国
<td>9.1</td>
9.1
```

【参考代码 d】

ex8-4d.py

```
from bs4 import BeautifulSoup
h=open("xj.html")
t=h.read()
soup=BeautifulSoup(t,"html.parser")
for s in soup.table.tr.next_siblings:   #使用 next_siblings 属性平行遍历
    if s!="\n":
        print(s)
```

【运行结果 d】

```
<tr><td>美丽人生</td><td>意大利</td><td>9.5</td></tr>
<tr><td>摩登时代</td><td>美国</td><td>9.3</td></tr>
<tr><td>大话西游</td><td>中国香港</td><td>9.2</td></tr>
<tr><td>寻梦环游记</td><td>美国</td><td>9.1</td></tr>
```

【参考代码 e】

ex8-4e.py

```
from bs4 import BeautifulSoup
h=open("xj.html")
t=h.read()
soup=BeautifulSoup(t,"html.parser")
for p in soup.table.tr.parent:    #使用 parent 属性上行遍历
    if p!="\n":
        print(p)
```

【运行结果 e】

```
<tr><td>电影名</td><td>国家和地区</td><td>评分</td></tr>
<tr><td>美丽人生</td><td>意大利</td><td>9.5</td></tr>
<tr><td>摩登时代</td><td>美国</td><td>9.3</td></tr>
<tr><td>大话西游</td><td>中国香港</td><td>9.2</td></tr>
<tr><td>寻梦环游记</td><td>美国</td><td>9.1</td></tr>
```

8.3.3 搜索标签树

现实中，HTML 网页的节点上下级关系复杂，需要的数据有可能隐藏在若干层标签之下。对于这种情况，通常使用 find()函数或者 find_all()函数快速定位到目标数据所在的标签附近，然后再利用上下级节点关系，寻找目标节点。

find()函数与 find_all()函数类似，区别在于 find()函数比 find_all()函数少了一个参数 limit。limit 用来限制返回结果的数量，当 limit 等于 1 时，find()函数与 find_all()函数是等价的。find()函数只返回找到的一个结果，find_all()函数返回找到的所有符合条件的结果的列表。语法如下：

```
find(name , attrs , recursive , string , **kwargs )
find_all(name , attrs , recursive , string , limit , **kwargs )
```

【例 8-5】 使用 Beautiful Soup 库解析例 8-4 中的“电影排行榜”网页，计算列出的最受欢迎喜剧电影的平均分。

【参考代码】

ex8-5.py

```
import bs4
h=open("xj.html")
t=h.read()
soup=bs4.BeautifulSoup(t,"html.parser")
data=soup.find_all("tr")
movielist=[]
s=0
for tr in data:
    m=[]
    data2=tr.find_all("td")
    for td in data2:
        m.append(td.string)
    movielist.append(m)
for i in range(1,len(movielist)):
    s+=eval(movielist[i][2])
print("列出的最受欢迎喜剧电影的平均分:",s/(len(movielist)-1))
```

【运行结果】

```
列出的最受欢迎喜剧电影的平均分: 9.275
```

8.4 实例 全国各省市好大学的分布统计

【实例功能】 访问 2020 中国大学排名，“软件（Shanghai Ranking）”网址为 http://www.shanghairanking.cn/rankings/bcur/2020，统计全国排名前 20 的大学在各省市的分布情况。

【参考代码】

实例 8.py

```
import requests
from bs4 import BeautifulSoup
def printProvincialShare(num):
        s=[]
        for i in range(num):
            u=allUniv[i]
            s.append(u[2])
```

```
8              d={}
9              for x in s:
10                 d[x]=s.count(x)
11             print("全国排名前",num,"的高校中:")
12             for x in d:
13                 print("{0:<6s}有{1}所。".format(x.rstrip().lstrip(),d[x]))
14     url="http://www.shanghairanking.cn/rankings/bcur/2020"
15     r=requests.get(url,timeout=30)
16     r.encoding=r.apparent_encoding
17     soup=BeautifulSoup(r.text,"html.parser")
18     data=soup.find_all("tr")
19     allUniv=[]
20     for tr in data:
21         ltd=tr.find_all("td")
22         if len(ltd)==0:
23             continue
24         singleUniv=[]
25         for td in ltd:
26             singleUniv.append(td.string)
27         allUniv.append(singleUniv)
28     printProvincialShare(20)
```

【运行结果】

```
全国排名前 20 的高校中:
北京      有 6 所。
浙江      有 1 所。
上海      有 3 所。
江苏      有 2 所。
安徽      有 1 所。
湖北      有 2 所。
广东      有 1 所。
陕西      有 1 所。
黑龙江    有 1 所。
四川      有 1 所。
天津      有 1 所。
```

【解析】

第 1 行代码导入负责请求 HTTP 连接的 requests 库；第 2 行代码导入负责解析 HTTP 标签树的 Beautiful Soup 库。

接下来执行的是第 14 行代码，变量 url 中记录 2020 年大学排名的页面地址；第 15 行代码是调用 requests 库中的 get()方法获取 HTML 网页；第 16 行代码将编码方式设定为从内容分析得出的编码方式，如果没有这行代码，可能会因为无法识别中文而显示乱码；第 17 行代码调用 Beautiful Soup 库中的 BeautifulSoup()函数，使用 Python 标准库 html.parser 解析网页内容 r.text，返回值 soup 是解析得到的标签树。

第 18～27 行代码是在 soup 标签树中寻找有用信息的过程。首先需要明确，排名页面中有一个表格，每行存储一所大学的数据，如图 8-6 所示。

排名	学校名称*	省市	类型	总分	办学层次
1	清华大学	北京	综合	852.5	38.2
2	北京大学	北京	综合	746.7	36.1
3	浙江大学	浙江	综合	649.2	33.9
4	上海交通大学	上海	综合	625.9	35.4
5	南京大学	江苏	综合	566.1	35.1

图 8-6　大学排名页面中的数据表格

第 18 行代码 data=soup.find_all("tr")，使用 find_all()函数找出 soup 中所有出现的表示表格中行的 tr 标签；第 19 行代码定义一个用来存储所有大学信息的列表 allUniv；第 20 行代码的 for 循环“for tr in data:”依次取出所有行，此循环内层嵌套的“for td in ltd:”依次取出每行的所有单元格，并存入 singleUniv 列表中；最后第 27 行代码将每所大学的数据存入 allUniv 列表中。

接下来执行第 28 行代码调用 printProvincialShare(20)，printProvincialShare()函数的定义在第 3～13 行代码，第 5 行代码“for i in range(num):”可以依次取出前 20 所学校；第 7 行代码 s.append(u[2])中的 u[2]表示表格中第 3 列数据所属的省市；第 8～10 行代码的作用，是将省市名作为键，属于该省市的大学的数量作为值，构建字典 d；第 12～13 行代码输出统计结果，程序运行结束。

8.5 本章小结

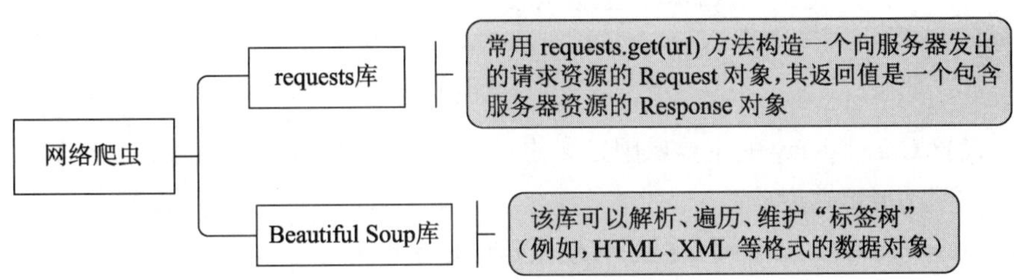

课后习题

一、选择题

1. 下列 Python 的第三方库中，可以连接 HTML 网页的库是________。

   A. requests　　　　B. jieba

   C. Beautiful Soup　　　　D. numpy

2. 下列语句中，________是安装 Beautiful Soup 库的正确方法。

   A. pip install Beautiful Soup　　　　B. pip install Beautiful Soup4

   C. pip install beautifulsoup　　　　D. pip install beautifulsoup4

3. 下列不属于 HTML 的 Tag 的是________。

A. title　　B. a　　C. class　　D. head

4. 豆瓣网 www.douban.com/的 Robots 协议如图 8-7 所示，下列有关抓取该网站数据需要遵循的规则，不正确的是________。

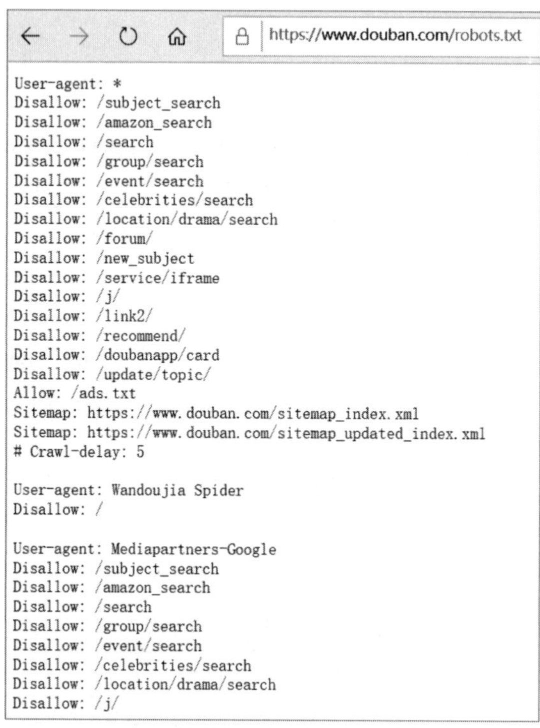


```
User-agent: *
Disallow: /subject_search
Disallow: /amazon_search
Disallow: /search
Disallow: /group/search
Disallow: /event/search
Disallow: /celebrities/search
Disallow: /location/drama/search
Disallow: /forum/
Disallow: /new_subject
Disallow: /service/iframe
Disallow: /j/
Disallow: /link2/
Disallow: /recommend/
Disallow: /doubanapp/card
Disallow: /update/topic/
Allow: /ads.txt
Sitemap: https://www.douban.com/sitemap_index.xml
Sitemap: https://www.douban.com/sitemap_updated_index.xml
# Crawl-delay: 5

User-agent: Wandoujia Spider
Disallow: /

User-agent: Mediapartners-Google
Disallow: /subject_search
Disallow: /amazon_search
Disallow: /search
Disallow: /group/search
Disallow: /event/search
Disallow: /celebrities/search
Disallow: /location/drama/search
Disallow: /j/
```

图 8-7　豆瓣网的 Robots 协议

A. 设置 Crawl-delay 的主要原因是爬虫程序爬得过快，会给服务器造成负担，影响正常的网站展示速度

B. Crawl-delay: 5 表示爬虫程序的最低延迟是 5 秒钟

C. 允许 Wandoujia Spider 访问豆瓣网的所有内容

D. Disallow:是说明不允许爬虫程序抓取的 URL 路径

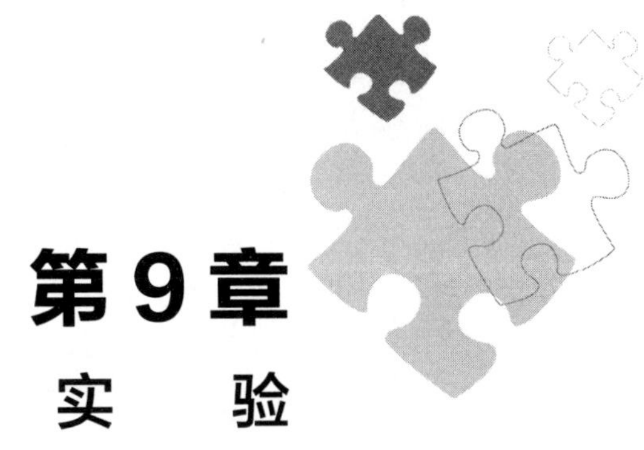

第9章 实验

9.1 实验1 Python开发环境的使用

9.1.1 实验目的

（1）学会下载安装 Python 解释器 IDLE。

（2）掌握 Python 程序的交互式运行方式和文件式运行方式。

（3）学会使用 Python 中的帮助系统。

（4）学会使用 turtle 库绘制图形。

（5）学会使用 pyinstaller 库生成可执行文件。

9.1.2 实验内容

1. 下载安装 Python 解释器 IDLE

Python 解释器 IDLE 的下载地址是 https://www.python.org/，根据计算机上安装的操作系统，选择合适的安装软件。需要注意的是：Python 3.5 及以上版本不能安装在 Windows XP 系统或者更早版本的系统上。

以 Windows 10 系统为例，选择网站中 Downloads 菜单下的 Windows 选项，就会进入下载页面，如图 9-1 所示。页面上显示目前（截至 2020 年 1 月）最新的 Python 3 的版本是 Python 3.8.1，最新的 Python 2 的版本是 Python 2.7.17，Python 2 和 Python 3 不兼容，本书学习的是 Python 3。

Python 3 列表中的 x86-64 表示支持 64 位操作系统，x86 表示支持 32 位操作系统。如果用户不知道自己的计算机是 32 位的还是 64 位的，可以在“控制面板”下的“系统”查看，如图 9-2 所示。

图 9-1　IDLE 下载页面

图 9-2　系统页面查看操作系统类型

安装的时候，最好选中 Add Python 3.? to PATH 复选框（? 表示安装的具体版本号），如果安装的时候没有选中该复选框，安装成功后也可以在“系统设置”中选择“高级”选项卡下的“环境变量”，将 Python 的实际安装路径添加到 PATH 中。

2. Python 程序的交互式运行方式和文件式运行方式

安装完成后，在 Windows 的“开始”菜单中找到 Python 3.7 下的 IDLE (Python 3.7 64-bit)，就可以打开 Python 解释器 IDLE 了，Python 3.7.4 Shell 如图 9-3 所示。

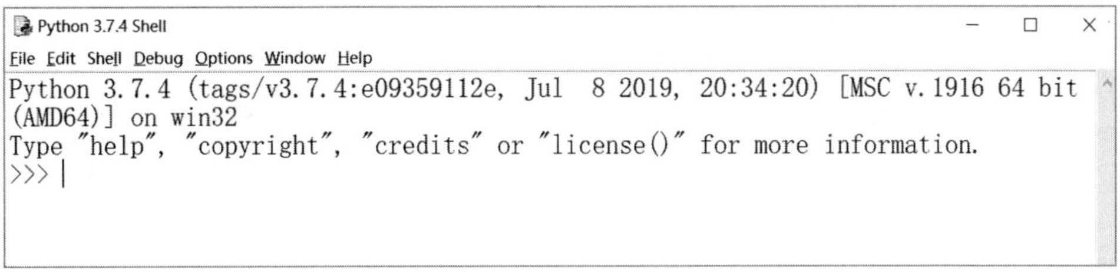

```
Python 3.7.4 Shell
File Edit Shell Debug Options Window Help
Python 3.7.4 (tags/v3.7.4:e09359112e, Jul  8 2019, 20:34:20) [MSC v.1916 64 bit
(AMD64)] on win32
Type "help", "copyright", "credits" or "license()" for more information.
>>> |
```

图 9-3　Python 解释器 IDLE

1）交互式运行方式

在图 9-3 的命令提示符（>>>）后面可以直接输入命令。例如，输入“2+3”后按回车键，就可以得到结果“5”。可以认为这是一个计算器，但事实上它的功能比计算器要强大得多。

【实验 9-1】请输入表 9-1 中的命令，并记录下运行结果。

表 9-1　交互式运行命令

命　　令	运 行 结 果
3+5	
365*365	
2**10	
print("I love Python!")	

2）文件式运行方式

【实验 9-2】设计程序代码，输出字符“I love Python!”。

步骤 1：在图 9-3 所示窗口中执行 File→New File 命令，出现如图 9-4 所示的窗口。这个窗口是输入代码的区域。

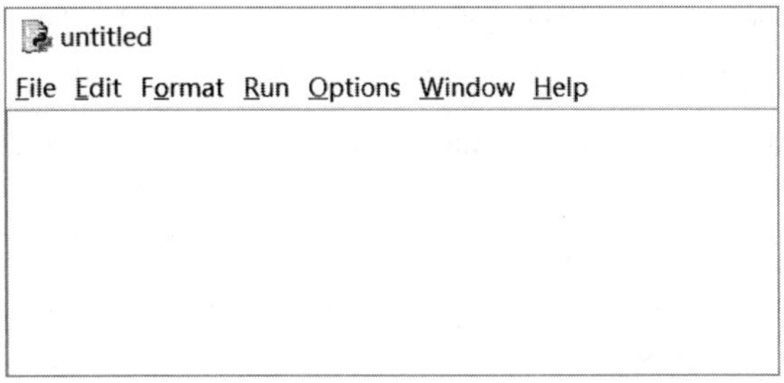

```
untitled
File Edit Format Run Options Window Help
```

图 9-4　新建文件窗口

步骤 2：在图 9-4 的窗口中输入代码 print("I love Python!")。

步骤 3：执行 File→Save 命令，如图 9-5 所示，在“另存为”窗口中，选择保存路径，并输入 Python 文件名，系统会自动加上.py 扩展名。建议不要保存在系统默认保存路径下，建议使用类似“x-x”的文件名，方便查找和复习。

步骤 4：执行 Run→Run Module 命令，或者按下快捷键 F5，运行程序，结果将显示在 Python 3.7.4 Shell 窗口中。

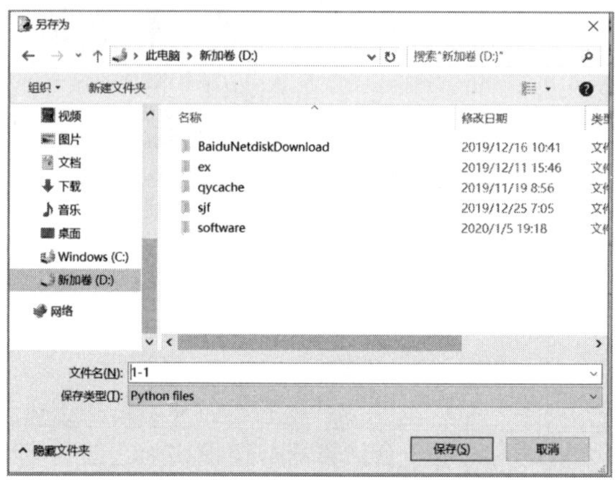

图 9-5　保存文件窗口

【实验 9-3】输入如下程序代码，观察运行结果。

9-3.py

```
name = input("What is your name?\n")
print("Hi, ", name)
```

3. 查看帮助文件

程序设计语言都有很多的语法规定，很难全部记住，学会查看帮助文件，就可以在记不清某条语句的时候获得准确的语法帮助，是非常重要的学习方法。

执行如图 9-3 所示的 Python 3.7.4 Shell 窗口的最右边的命令 Help→Python Docs，或者按下快捷键 F1，就可以打开 Python 的帮助文件，如图 9-6 所示。例如，在索引框中输入实验 9-2 使用的 input()函数，按回车键后，帮助文件的左侧框中将列出 Python 里各种各样的 input，这里选择 input(built-in function)，右侧框中就显示出 input()函数的使用说明和示例。

也可以在 Python 3.7.4 Shell 窗口的命令提示符（>>>）后面，输入命令 help()获得帮助，如 help(input)，按回车键后，即显示出 input()函数的使用说明。

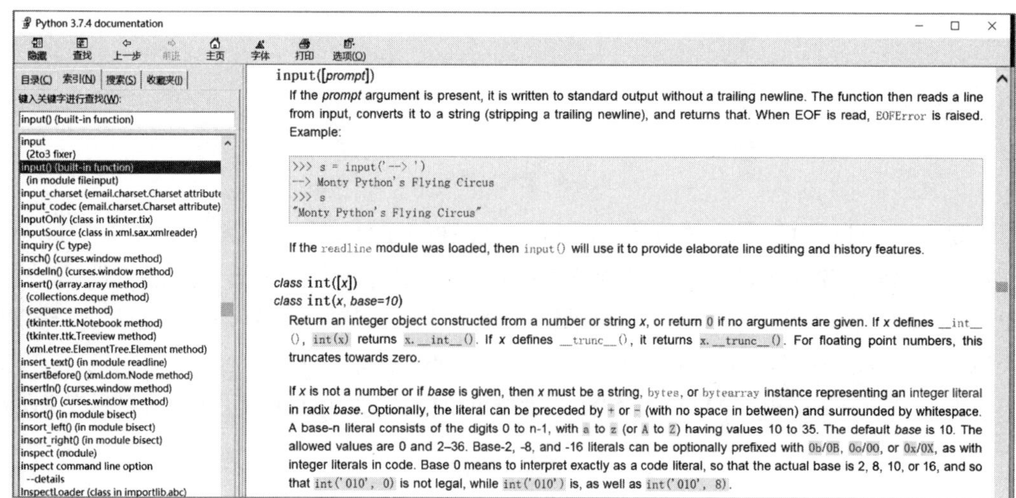

图 9-6　帮助文件

4. 使用 turtle 库绘制图形

【实验 9-4】输入程序代码，观察运行结果。

9-4.py

```
import turtle
turtle.circle(100)
```

【实验 9-5】输入程序代码，观察运行结果。

9-5.py

```
import turtle
turtle.begin_fill()
turtle.color("red")
turtle.circle(100)
turtle.end_fill()
turtle.penup()
turtle.goto(0,220)
turtle.write("Red Circle",font=("Times",18,"bold"))
```

5. 生成可执行文件

实验 9-5 的程序 9-5.py 可以在 Python 解释器 IDLE 下运行，但是如果把这个文件复制到一台没有安装 Python 解释器的计算机上，就无法运行了。为了使程序代码可以在所有安装 Windows 操作系统的计算机上运行，可以将.py 文件转换成.exe 为扩展名的可执行文件。PyInstaller 库是 Python 生成 exe 文件的第三方库，使用前需要自行安装。安装方法：在“命令提示符”窗口输入 pip install pyinstaller，安装完成后，会显示成功安装的提示。

安装成功后，在“命令提示符”窗口中，使用 cd 命令进入存放“9-5.py”文件的文件夹，运行命令 pyinstaller -F 9-5.py，可以参考图 1-7。在一串提示之后，可以看到创建成功的提示。当生成完成后，将会在此目录下多了一个 dist 目录，并在该目录下有一个 9-5.exe 的文件，这就是使用 PyInstaller 工具生成的可执行程序。

9.1.3　难点提示

pip install 第三方库名，是安装第三方库的通用方法。如果运行 pip 命令时出现错误提示“pip 不是内部或外部命令”，说明系统没有找到 pip 命令，解决问题的方法如下有两种。

第 1 种方法，搜索文件“pip.exe”，进入其所在的文件夹，复制路径，使用 cd 命令切换工作目录到 pip 所在的路径，再次运行 pip install 第三方库名。这个方法是暂时性的解决问题，如果关闭当前命令符窗口，再重新打开命令符窗口的话，还会出错。

第 2 种方法，以 Windows 10 系统为例，在“开始”菜单旁边的搜索栏内搜索“高级系统设置”，打开后，单击“环境变量”按钮，如图 9-7 所示。打开 PATH 进行编辑，如图 9-8 所示，在末尾以英文分号分隔，并添加 pip 所在的目录路径。这个方法是彻底解决了这个问题，打开命令符窗口，使用 pip 命令安装第三方库，就不会再出错了。

图 9-7 “系统属性”窗口

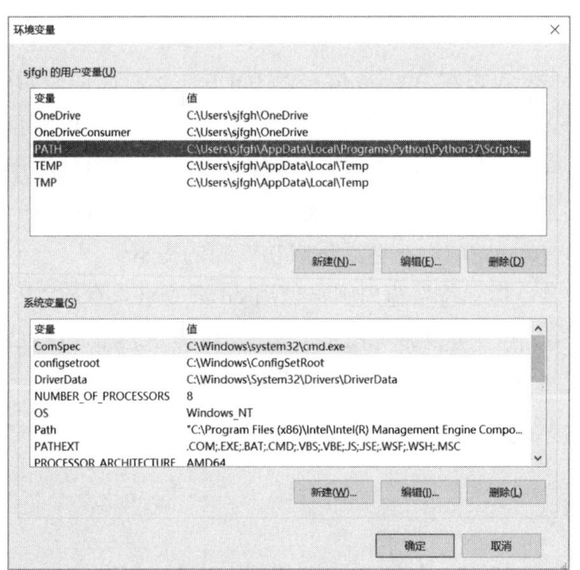

图 9-8 “环境变量”设置窗口

9.2 实验 2 Python 语言基础

9.2.1 实验目的

（1）掌握 Python 基本语句。

（2）掌握常量、变量的概念。

（3）掌握数值数据的运算。

（4）掌握 Python 常用的数学函数。

（5）掌握 math 库的常用函数。

9.2.2　实验内容

（1）编写程序，求汽车的平均加速度。输入某汽车的初始速度 v_1、加速时间 t 以及最终速度 v_2，求汽车的平均加速度。初始速度和最终速度单位为“km/h”，加速时间单位为“s”，结果保留两位小数，注意单位。

提示：平均加速度 $a=\dfrac{v_2-v_1}{t}$ （m/s²）

（2）编写程序，输入球的半径，计算球的表面积和体积（结果保留两位小数）。

提示：球的表面积计算公式为 $4\pi r^2$，体积计算公式为 $\dfrac{4}{3}\pi r^3$。

（3）编写程序，输入两个点 $A(x_1,y_1)$ 和 $B(x_2,y_2)$ 的坐标，求 AB 两点的距离，结果保留两位小数。

（4）已知三角形的三条边长分别为 8cm、10cm 和 12cm，求此三角形的面积。

提示：已知三角形三条边 a、b 和 c，则三角形面积 $s=\sqrt{h(h-a)(h-b)(h-c)}$，其中 $h=\dfrac{1}{2}(a+b+c)$。

（5）编写程序，求图 9-9 中阴影部分的面积，已知圆的半径为 2，结果保留两位小数。

提示：π 用 math 库中的常量。

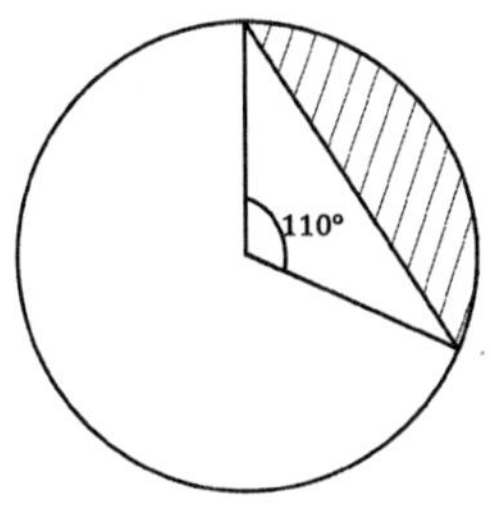

图 9-9　阴影部分面积

9.3　实验 3　Python 控制结构

9.3.1　实验目的

（1）掌握关系表达式。

（2）掌握布尔数据类型及其运算。

（3）掌握结构化编程的基本方法。

（4）掌握 random 库的常用函数。

（5）掌握常用算法。

9.3.2 实验内容

（1）编写程序，计算铁路运费。已知从甲地到乙地，每张火车票托运行李不超过 50kg 时，按 0.25 元/kg 收取行李托运费；行李若超过 50kg，则超过部分按 0.35 元/kg 计算托运费。输入行李重量 w，计算行李托运费 y。

（2）编写程序，计算党员每月所应缴纳的党费。应缴纳党费数量 f 与工资 salary 之间的关系如下分段函数所示。要求：输入工资，输出党费，结果保留两位小数。

$$\text{党费}\ f=\begin{cases}0.5\%\times \text{salary} & \text{salary}\leqslant 400\\ 1\%\times \text{salary} & 400<\text{salary}\leqslant 600\\ 1.5\%\times \text{salary} & 600<\text{salary}\leqslant 800\\ 2\%\times \text{salary} & 800<\text{salary}\leqslant 1500\\ 3\%\times \text{salary} & \text{salary}>1500\end{cases}$$

（3）编写程序，输入三角形三条边 a、b、c，求三角形的面积 s。

要求：①先判断是否可以构成三角形，构成三角形的条件如下。

- 每条边长必须都大于 0，否则给出提示："数据不合法!"，程序结束。
- 任意两边之和大于第三边，否则输出："不能构成三角形!"，程序结束。

②如果 a、b、c 可以构成三角形，则计算并输出三角形的面积，结果保留两位小数。

提示：已知三角形的三条边 a、b 和 c，则三角形面积公式为

$$s=\sqrt{h(h-a)(h-b)(h-c)}$$

其中，$h=\frac{1}{2}(a+b+c)$。

【程序运行结果】

```
第 1 次运行：
请输入三条边，数据间以逗号相隔：-1,2,3
数据不合法!
第 2 次运行：
请输入三条边，数据间以逗号相隔：1,1,4
不能构成三角形!
第 3 次运行：
请输入三条边，数据间以逗号相隔：3,4,5
三角形的面积：6.00
```

（4）编写程序，输入年份和月份，判断输入的月份有多少天。

要求：如果月份小于 1 或者大于 12，或者年份小于 0，给出错误提示！

提示：先根据年份判断闰年和平年，再根据月份判断每个月的天数并输出。

【程序运行结果】

```
第 1 次运行：
请输入年份和月份，数据间以逗号相隔：2000,18
年份或者月份不合法！
第 2 次运行：
请输入年份和月份，数据间以逗号相隔：-1999,12
年份或者月份不合法！
```

```
第 3 次运行：
请输入年份和月份，数据间以逗号相隔：2000,2
2000 年 2 月有 29 天。
```

（5）编写程序，输入 a、b、c，求一元二次方程 $ax^2+bx+c=0$ 的根。

提示：①当 a=0 时，x=−c/b。

②当 a≠0 时，det=b^2-4ac：

- det=0，两个相等实根；
- det＞0，两个相异实根；
- det＜0，两个相异复数根。

（6）编写程序，产生两个 100～200（包含 100 和 200）的随机整数 a 和 b，求这两个整数的最大公约数和最小公倍数。

（7）编写程序，输出所有“水仙花数”，且输出在一行，数据间用逗号相隔。所谓“水仙花数”，指一个三位数等于其各位数字的立方和，如 $153=1^3+5^3+3^3$。

（8）编写程序，找出 1～1000（包括 1000）的全部“同构数”。 所谓“同构数”，它出现在它的平方数的右端。例如，5 的平方是 25，5 是 25 中右端的数，5 就是同构数；25 也是一个同构数，其平方是 625。

（9）编写程序，计算下列公式中 s 的值（n 是运行程序时输入的一个正整数）。

$$s=1+(1+2)+(1+2+3)+\cdots+(1+2+3+\cdots+n)$$

（10）编写程序，打印 1～1000 的所有“完全数”。所谓“完全数”指这个数等于它的因子之和（其中，因子包括 1，不包括它本身）。例如“6 和 28 都是完全数：1+2+3=6，1+2+4+7+14=28。

（11）编写程序，求 100 以内所有的素数之和。

（12）口算练习程序。

要求：随机产生两个一位整数，提示用户输入两个数的和，判断用户输入是否正确，并给出相应提示信息。继续产生新的两个一位整数，请用户运算，直到用户输入 quit 时，程序退出。

【程序运行过程】

```
运行一次：
7 + 7 = ?
请输入两个数的和,退出请输入 quit：14
运算正确！
8 + 4 = ?
请输入两个数的和,退出请输入 quit：4
8 + 4 应该等于 12 ，您的运算错误，继续努力！
5 + 7 = ?
请输入两个数的和,退出请输入 quit：quit
```

（13）有算式 $ABCD-CDC=ABC$，其中，A、B、C、D 均为一位非负整数。编写程序，求 A、B、C、D 的值。

（14）鸡兔同笼问题。已知同一个笼子里，有 19 只头，44 只脚。编写程序，求笼子里的鸡和兔各有多少只（允许鸡或兔为 0 只）。

（15）有一个数列，其前 3 项分别为 1、2、3，从第 4 项开始，每项均为其相邻的前 3 项之和。编写程序，求该数列从第几项开始，其数值超过 2000。

（16）输入任意实数 x，编写程序，计算 e^x 的近似值，直到最后一项的绝对值小于 10^{-6} 为止。

$$e^x \approx 1 + x + \frac{x^2}{2!} + \frac{x^3}{3!} + \cdots + \frac{x^n}{n!}$$

（17）输入任意实数 $a(a \geqslant 0)$，用迭代法求 $x = \sqrt{a}$，要求结果精确到 10^{-6}（即 $|x_{n+1} - x_n| < 10^{-6}$）。

提示：令 $x_0=a$，迭代公式为 $x_{n+1} = \frac{1}{2}\left(x_n + \frac{a}{x_n}\right)$

（18）一个球从 100m 高度自由下落，每次落地后反弹回到上次下落高度的一半，再下落。编写程序，求它在第 10 次落地时共经过多少 m？第 10 次反弹多高？

9.4 实验 4 组合数据类型

9.4.1 实验目的

（1）掌握处理字符串、列表、元组类型数据的各种方法。

（2）掌握序列类型的常用操作和函数。

（3）掌握字典的创建和使用。

（4）掌握集合的创建和使用。

（5）了解 datetime 模块的函数。

9.4.2 实验内容

（1）出现次数。用户输入一段英文字符串和一个字母，输出该字母（包括大小写）在字符串中出现的次数。

（2）密码生成。编写程序，在 26 个字母（区分大小写）和 10 个数字组成的字符串中随机选择，生成 10 个 8 位随机密码。

（3）记录名单。请设计一段程序，按照学生参加演出到达的先后输入所有参加演出的学生姓名，存放到一个列表中，输入时姓名之间用“，”分隔，然后在列表中插入开始标记：“Actors”。演出结束后，输入名字可以查找某个学生，如小张，是第几个到达的。

（4）求平均值。列表中存放了 10 个整数，分别代表 10 位评委的评分，编写程序完成评分，去掉一个最高分和一个最低分，求剩下分数的平均值，即为最终得分。

（5）分批求均值。列表中存放了某门课程学生的成绩，编写程序，分别求出不及格成绩（小于 60 分）的学生和优秀成绩（大于或等于 90 分）的学生的平均成绩。

（6）排序输出。用户输入一段英文字符串，请按照字符的 ASCII 码值从大到小排序后输出。

（7）字典创建。使用字典保存中国主要城市和对应邮编，编写程序，用户输入城市名称，输出该城市邮编号。

例如，字典数据如表 9-2 所示。

表 9-2 中国主要城市和对应邮编

城 市	邮 编
北京	100000
天津	300000
重庆	401400
济南	250000
南京	210000
西安	710000
郑州	450000
长沙	410000
武汉	430000

（8）字典操作。建立一个月份与天数的字典 monthdays，月份为“Jan”“Feb”“Mar”“Apr”“May”“Jun”“Jul”“Aug”“Sep”“Oct”“Nov”“Dec”，每个月对应的天数为：31,28,31,30,31,30,31,31,30,31,30,31，完成以下操作。

①输出字典 monthdays 的键序列。

②输出字典 monthdays 的值序列。

③输出字典 monthdays 的键值对序列。

④获取键“May”对应的值。

⑤修改键“Feb”的值为 29。

⑥创建一个新的字典 d={"a1":35,"a2":35}，将其包含的键值对更新到字典 monthdays 中。

⑦删除键为“a1”的键值对。

（9）字典应用。创建一个字典，保存用户名和密码。设计一个登录检查程序，提示用户输入用户名和密码，只有用户名和密码输入都正确，才显示“Welcome!”通过登录检查，提供三次尝试机会，三次输入都错误，则提示无法登录，结束程序。

（10）已知 5 位同学的姓名和高数考试成绩，编写程序，按照成绩从高到低输出学生姓名。

【程序运行结果】

【测试数据】

```
Han,Wang,Ma,Xu,Yang
65,97,73,85,92
```

【运行结果】

```
Wang
Yang
Xu
Ma
Han
```

（11）集合运算。集合 *a* 和 *b* 中存放着两组文件名的集合，两个集合中有相同的文件名也有不同的文件名。例如：

```
a={"pscores.py","cscores.py","vbscores.py","vfpscores.py","c++scores.py"}
```

```
b={"pscores.py","dbscores.py","osscores.py","c++scores.py","netscores.py"}
```

①求 *a* 中存在 *b* 中不存在的文件。

②求 *a* 中存在的与 *b* 中相同的文件。

③求两个文件夹中互不相同的文件。

④求两个文件夹中包含的所有文件。

（12）集合操作。班级干部竞选，一共 8 名候选人，编号分别为 1～8，班级同学对候选人进行投票，投票结果为：4、7、8、1、2、2、6、2、2、1、6、8、7、4、5、5、5、8、5、5、4、2、2、6、4，共 25 票。请对投票结果进行以下分析。

①求获得选票的候选人序号。

②求编号为 1～4 的候选人哪些获得选票。

③求编号为 5～8 的候选人哪些没有获得选票。

④用户输入任一候选人，判断其是否获得选票。

（13）集合操作。校运会中，建立 3 个集合分别保存 100m、200m、400m 跑步的参加者名单，通过集合运算，找出参加了任意两项跑步运动的参加者名单。

（14）datetime 模块。使用 datetime 模块中的函数，输出当前系统的日期时间，至少给出 3 种不同显示格式，并输出当前是第几季度。

9.4.3 难点提示

（1）字符串方法的应用，如 lower()和 count()。

（2）构造由大小写字母和数字组成的字符串，然后利用 random()库函数实现随机选择。

（3）用户输入的名单，用“,”分隔，使用字符串 split()方法转换成列表。

（4）可考虑首先对评分进行排序，然后计算除去第一个和最后一个的平均分数，即为所求。

（5）利用循环依次遍历所有学生成绩，利用选择条件进行判断和计数。

（6）使用 sorted()通用函数排序字符串，然后将列表转换成字符串（可使用字符串的 join()方法）。

（7）略。

（8）略。

（9）利用循环控制用户尝试次数。

（10）字典的灵活应用，以＜成绩:字典＞建立字典，获取由成绩组成的列表：L1=list(d.keys())；然后按照从高到低排序，根据列表中的成绩，逐个从字典中查找对应的名字并输出。本题在学习了本书第 5 章后，可用 sorted()函数结合 lambda()函数实现。

（11）运行结果如下。

```
①{'cscores.py', 'vbscores.py', 'vfpscores.py'}
②{'pscores.py', 'c++scores.py'}
③{'osscores.py', 'netscores.py', 'vbscores.py', 'vfpscores.py', 'dbscores.py',
'cscores.py'}
④{'osscores.py', 'netscores.py', 'c++scores.py', 'dbscores.py', 'pscores.py',
'vbscores.py', 'vfpscores.py', 'cscores.py'}
```

（12）利用列表存储投票结果，然后利用集合去重，以及集合操作获得结果。

运行结果如下。

```
①{1, 2, 4, 5, 6, 7, 8}。
②{1, 2, 4}。
③set()。
④例如，输入：2
输出：True
```

（13）建立集合分别保存 100m、200m、400m 跑步运动的参加者名单。参加任意两项跑步运动的参加者名单可以取任意两个集合的交集后进行并运算，得到的集合再去除 3 个集合的交集，即可得结果。

（14）使用 datetime 模块下 datetime 库中的 now()函数可获得当前系统日期时间，利用 strftime()函数进行格式控制输出。使用 month()函数可获得当前日期的月份，然后结合选择结构进行判断。

9.5 实验 5 函数

9.5.1 实验目的

（1）掌握函数的定义和调用。

（2）能够在程序中使用函数解决实际问题。

（3）掌握变量的作用域，能够在程序中正确使用变量。

（4）理解函数的递归思想并解决实际问题。

9.5.2 实验内容

（1）判断奇偶。编写函数，参数为整数，如果参数为奇数，返回 True；否则返回 False。在主程序中，用户输入一个整数，调用函数判断奇偶并输出结果。

（2）判断互质。编写函数判断两个整数是否互质。在主调程序中，使用 random 库函数生成两个 100 以内的随机整数，调用函数判断它们是否互质并输出结果。

（3）排序输出。编写函数将正整数 *m* 各位上的数字按照从大到小的顺序重新排列，构造一个新的数字。例如，若输入 854793，则输出 987543。用户输入一个正整数，调用函数完成重新排列，输出结果。

（4）英语词典。设计字典记录小张新学的英文单词和中文翻译，并能根据英文来查找中文翻译。当用户输入 1，按提示添加新的单词和中文；用户输入 2，可查找英文单词的对应中文翻译；用户输入 3，则结束运行。

要求：①编写 add_dic()函数，用于向字典中添加新的单词和中文。

②编写 search_dic()函数，用于查字典，返回中文翻译。

【程序运行结果】

```
choose 1-input,2-look for,3-exit
```

```
1
please input an English word:hello
please input the Chinese meaning:你好
choose 1-input,2-look for,3-exit
2
please input the word you want to look for:hello
hello 你好
choose 1-input,2-look for,3-exit
3
```

（5）统计频率。定义一个 count_num()函数，统计给定的字符串中各单词的出现频率，并将结果保存在字典中返回。在主程序中，定义一段英文语句，如 S1="Python VB VFP C C++ Java Python Java Python C"，调用函数完成统计，并分别按照键和值的升序将返回的字典输出显示。

【程序运行结果】

```
Order of keys:
C 2
C++ 1
Java 2
Python 3
VB 1
VFP 1
Order of values:
C++ 1
VFP 1
VB 1
Java 2
C 2
Python 3
```

（6）定理证明。定义函数，判断某个数是否为素数，编程证明 1000 以内的正偶数（大于或等于 4）都能够分解为两个素数之和。请给出每个偶数的分解结果，例如，4=2+2、6=3+3，输出时每行显示 6 个式子。

（7）定义递归 fib()函数。定义递归函数，求斐波那契数列的第 *n* 项的值。主程序中用户输入 *n* 的值，调用函数并输出结果。

（8）矩阵判断。编写程序判断 4 阶矩阵是否对称，并统计矩阵中素数的个数。

要求：①定义 isSymmetrical (***x***)函数，函数功能为判断 4 阶矩阵 ***x*** 是否对称。如果是则返回 True；否则返回 False。

②定义 prime (***x***)函数，函数功能为判断整数 *x* 是否为素数。

③__main__函数中定义或输入 4 阶矩阵，调用 isSymmetrical (*x*)函数和 prime (*x*)函数对参数 x 进行判断，输出相应的提示结果。

【测试数据与运行结果】

【测试数据】

```
1 2 3 4
0 1 0 0
0 0 1 0
4 3 2 1
```

【输出】

```
The matrix is not symmetrical.
The matrix has 4 prime number(s).
```

【测试数据】

```
1 0 13 0
0 1 0 0
13 0 1 0
0 0 0 1
```

【输出】

```
The matrix is symmetrical.
The matrix has 2 prime number(s).
```

（9）验证定理。任意正整数 n 的立方一定可以表示为 n 个连续的奇数之和，如 1^3=1、2^3=3+5、3^3=7+9+11，编程完成验证。定义函数寻找 n 可能表示成的 n 个连续奇数。

【测试数据与输出结果】

【测试数据】

```
5
```

【输出】

```
1**3=1
2**3=3+5
3**3=7+9+11
4**3=13+15+17+19
5**3=21+23+25+27+29
```

9.5.3　难点提示

（1）整数 n%2 可判断奇偶。

（2）使用 random.randint(0,100)函数可生成 100 以内的随机整数，两个数互质即两个数的最大公约数是 1。

（3）可将用户输入的正整数看作字符串，利用 sorted()函数排序每个字符获得列表，然后转换成字符串输出。

（4）可定义全局变量字典，在 add_dict()函数中使用字典的键值对存储英文单词和中文翻译。如果想避免用户输入重复的英文单词，可以考虑先使用集合存储英文单词，从而防止直接保存在字典中造成键的重复。在主程序中利用 while True 循环调用各个函数，实现用户选择，当用户输入 3 时，利用 break 退出循环。

（5）函数定义中，可以使用 split()方法进行分割，再通过集合去除重复单词，对于集合中的每个元素 item，可以使用字符串 count()方法计算 item 出现的次数，然后通过 d[item]=count 将单词和对应次数存入字典。在__main__函数中可使用 d1=sorted(d.items(),key=lambda d:d[0])代码，基于键排序，然后输出。如果 d[0]替换为 d[1]，即为基于值排序，然后输出；如果是（d[1], d[0]）先基于值排序，值相同基于键排序。

（6）主程序中构造循环，在循环体内将需要判断的数分成 i 和 $n-i$（其中，i 和 $n-i$ 都是小于 n 的正整数），调用函数判断这两个数是否为素数，根据结果输出。其中，每行输出 6 个式子，可使用计数器 icount，每输出一个等式，icount+1。如果 icount 能被 6 整除，则输出一个换行符。

（7）按照通项公式构造函数即可。注意：第 0 项和第 1 项是递归函数初始值。

（8）模块化思想，编写判断某个整数是否为素数的函数。列表存储 4 阶矩阵，判断对称可利用循环结构和 if(x[i][j] != x[j][i])语句实现。

（9）定义函数完成 n 个连续奇数的寻找，参数可以为 n 和列表 lst。利用 while 循环，枚举出所有可能的 n 个连续的奇数存储在列表 lst 中。利用 list(range(j,j+2*n,2))语句，然后求和，判断是否等于 n 的立方，从而返回结果。输出的结果显示上需要注意符合要求。

9.6 实验 6 文件

9.6.1 实验目的

（1）掌握文件的打开、关闭操作。

（2）掌握文件的读写操作。

（3）学会使用 jieba 库。

9.6.2 实验内容

（1）设计程序，输出文本文件 sy6-1.txt 中的所有内容。sy6-1.txt 中内容如下：

```
    Welcome to Python.
    Python is a programming language that lets you work quickly and integrate systems
more effectively.
```

（2）设计程序，输出文本文件 sy6-2.txt 中所有数的最大值和最小值。sy6-2.txt 中内容如下：

```
34,56,77,21,33,69,3,97
```

（3）sy6-3.txt 中保存了 5 位学生的语文、数学和外语 3 门课的成绩，设计程序，统计并输出文本文件 sy6-3.txt 中的每门课的平均分。sy6-3.txt 中的内容如下：

```
李晓红,67,66,78
张凯,88,76,93
孙乐乐,85,97,76
吕珊琦,98,97,98
王琳凯,76,78,85
```

【程序运行结果】

```
语文平均分：82.8
数学平均分：82.8
外语平均分：86.0
```

（4）设计程序，将2～100中所有的素数写入文本文件sy6-4.txt中。

（5）设计程序，随机产生20个0～1的数，将这20个数写入文本文件sy6-5中，要求每行5个数。

（6）校园歌手大赛，共10位裁判，每位裁判给参赛选手打分，分数在0～10，去掉一个最高分，去掉一个最低分之后的平均分为该选手得分。设计程序，按照排名从前到后输出选手姓名及最终得分（保留两位小数）。

所有选手得分数据保存在文本文件sy6-6.txt中，其内容如下：

```
张丹丹 8.7 8.9 9.43 9.23 8.89 9.12 8.79 9.04 9.36 9.66
李宏坤 9.7 9.49 9.3 9.4 8.89 9.72 9.71 8.94 9.76 9.58
徐丽 8.97 8.9 9.73 9.53 9.39 9.12 8.79 9.04 9.36 9.34
赵家山 8.7 8.89 9.43 8.93 8.85 9.16 8.79 9.64 9.36 9.26
张新蕊 9.37 9.29 9.23 9.35 9.76 9.72 9.71 9.94 9.46 9.93
李佳隆 8.67 8.9 9.43 9.27 8.89 9.12 8.79 9.04 8.36 9.26
```

【程序运行结果】

```
张新蕊 9.57
李宏坤 9.48
徐丽 9.21
张丹丹 9.09
赵家山 9.08
李佳隆 8.99
```

（7）通讯录文件sy6-7.txt中保存有若干联系人的信息，每个联系人的信息由姓名和电子邮箱组成，设计程序，实现如下功能：输入姓名，如果该姓名存在通讯录文件中，则将该联系人的电子邮箱输出；如果不存在，则输出“查无此人”。通讯录文件内容如下：

```
Tom,tom123@gmail.com
Alice,123456@qq.com
Mary,mmaarryy@126.com
```

（8）在sy6-8.txt文件中输入歌曲《我和我的祖国》的歌词：“我和我的祖国一刻也不能分割无论我走到哪里都流出一首赞歌我歌唱每一座高山我歌唱每一条河袅袅炊烟小小村落路上一道辙我最亲爱的祖国我永远紧依着你的心窝你用你那母亲的脉搏和我诉说我的祖国和我像海和浪花一朵浪是那海的赤子海是那浪的依托每当大海在微笑我就是笑的漩涡我分担着海的忧愁分享海的欢乐我最亲爱的祖国你是大海永不干涸永远给我碧浪清波心中的歌”，设计程序，读取文件内容，并使用jieba库进行中文分词，最后统计出现次数最多的5个词以及出现次数。

【程序运行结果】

```
我 13
的 12
祖国 4
和 4
你 4
```

9.7 实验 7 科学计算与数据分析基础

9.7.1 实验目的

（1）掌握 numpy 库的基本操作。

（2）掌握 pandas 库的基本操作。

（3）掌握使用 matplotlib 库绘制图形的方法。

9.7.2 实验内容

（1）创建一个 3 行 3 列的 ndarray 数组，数组元素为 1，2，3，…，9 这 9 个数。编写程序，计算输出其所有的元素的和、每行的平均值以及每列的平均值。

1	2	3
4	5	6
7	8	9

（2）正则化一个 5 行 5 列的随机矩阵，并输出。正则的概念是假设 a 是矩阵中的一个元素，max 和 min 分别是矩阵元素的最大值和最小值，则正则化后 a = (a - min)/(max - min)。

（3）请根据图 9-10 创建 Excel 文件 stu.xlsx，编写程序：

①输出所有出现不及格科目的同学的信息；

②统计输出每个班级的各门课的平均分。

	A	B	C	D	E
1	姓名	班级	语文	数学	英语
2	刘德军	19-1	67	56	76
3	方丽丽	19-2	77	82	87
4	张琳琳	19-1	57	79	88
5	王威	19-2	82	67	65
6	李建军	19-2	86	99	90
7	赵欧	19-1	90	84	98

图 9-10 文件 stu.xlsx

（4）设计程序，绘制函数 $f\left(x\right)=3x^2+7x-9, x\in\left[0,8\right]$ 的图形，图标题设置为“我是图标题”，x 轴标签设置为“x 的取值”，y 轴标签设置为“y 的值”，并添加图例“我是图例”，添加图文字描述“我是曲线”。

（5）设计程序，按下列要求绘制有关函数 $f\left(x\right)=x^4+3x^3+x^2+4x, x\in\left[-5,5\right]$ 的图形。

①绘制 2 行 2 列的 4 个子图；

②第 1 行第 1 列的子图，使用红色实线绘制 $f(x)$ 的图形；

③第 1 行第 2 列的子图，使用蓝色虚线绘制 $f(x)$ 的一阶导数 $f'(x)$ 的图形；

④第 2 行第 1 列的子图，使用绿色圆点绘制 $f(x)$ 的二阶导数 $f''(x)$ 的图形；

⑤第 2 行第 2 列的子图，使用黄色三角绘制 $f(x)$ 的三阶导数 $f'''(x)$ 的图形。

9.8　实验 8　网络爬虫基础

9.8.1　实验目的

（1）学会使用 requests 库连接 HTML 网页。

（2）学会使用 Beautiful Soup 库解析 HTML 网页标签树。

9.8.2　实验内容

（1）这是一个简单的 HTML 页面，请输入以下 HTML 文件内容，在 D 盘根目录下保存为 1.html，完成后面的计算要求。

```
<html>
  <head>
    <title>Smile</title>
  </head>
  <body>
    <p id="Hi">Python</p>
    <p id="Hello">HTML</p>
  </body>
</html>
```

①打印 head 标签的内容；

②打印 body 标签的内容；

③打印 id 为 Hi 的标签对象。

（2）中国天气网，徐州天气网址为 http://www.weather.com.cn/weather/101190801.shtml，设计程序完成以下功能：

①设计 get_content(url)函数，url 为抓取数据网页地址，函数返回值是网页文本；

②设计 get_data(html_text)函数，html_text 为 get_content(url)函数的返回值，函数返回值是需要爬取徐州 7 天的日期、天气情况、最高温度和最低温度；

③设计 write_data(data,fname)函数，data 为 get_data(html_text)的返回值，fname 是抓取数据写入的文件路径，函数没有返回值，功能是将 html_text 的内容写入文件 fname；

④设计主函数，调用以上 3 个函数，从网页爬取徐州 7 天的日期、天气情况、最高温度和最低温度，并写入 D 盘根目录下的文本文件 8-2.txt。

参考文献

[1] 嵩天，礼欣，黄天羽.Python 语言程序设计基础[M]. 2 版. 北京：高等教育出版社，2017.

[2] 张莉. Python 程序设计教程[M]. 北京：高等教育出版社，2018.

[3] 赵璐. Python 语言程序设计教程[M]. 上海：上海交通大学出版社，2019.

[4] 王晓东. 计算机算法设计与分析[M]. 5 版. 北京：电子工业出版社，2018.

[5] 裘宗燕. 程序员学 Python[M]. 北京：人民邮电出版社，2018.

[6] JOHN V G. Python 编程导论[M]. 北京：人民邮电出版社，2018.

[7] 迈克尔・T・古德里奇，罗伯特・塔玛西亚，迈克尔・H・戈德瓦瑟. 数据结构与算法——Python 语言实现[M]. 北京：机械工业出版社，2019.

[8] Magnus Lie Hetland. Python 基础教程[M]. 黄国忠，译. 3 版. 北京：人民邮电出版社，2018.

[9] 江红，余青松. Python 程序设计与算法基础教程[M]. 北京：清华大学出版社，2018.

[10] 梁勇（Y. Daniel Liang）. Python 语言程序设计[M]. 李娜，译. 北京：机械工业出版社，2013.

[11] 小甲鱼. 零基础入门学习 Python[M]. 2 版. 北京：清华大学出版社，2019.

[12] 夏敏捷，杨关等. Python 程序设计——从基础到开发[M]. 北京：清华大学出版社，2019.

[13] 李莹，焦福菊，孙青. Python 程序设计与实践——用计算思维解决问题[M]. 北京：清华大学出版社，2018.

[14] SongpingWang. python 爬虫——练习题（re，request&BeautifulSoup,selenium）[OL].（2018- 6-9）[2020-10-10]. https://blog.csdn.net/wsp_1138886114/article/details/80633867.

[15] Deron Wang. Beautiful Soup 4.4.0 文档[OL].(2017-9-16)[2020-10-10]. https://www.crummy.com/software/BeautifulSoup/bs4/doc.zh/.

[16] S_o_l_o_n. 浅谈网络爬虫——基于 Python 实现[OL]. (2018-8-23)[2020-10-10]. https://blog.csdn.net/S_o_l_o_n/article/details/81952273.

[17] z 寒江雪. Python 网络爬虫入门篇[OL]. (2019-3-21)[2020-10-10]. https://www.cnblogs.com/wenwei-blog/p/10435602.html.

[18] C 语言中文网. 计算机文件到底是什么（通俗易懂）？[OL]. (2017-8-20)[2020-10-10]. http://c.biancheng.net/view/283.html.

[19] Jimmy Liu. Tushare 0.4.3 documentation[OL]. (2017-10-16)[2020-10-10]. http://tushare.org/.

[20] Doris_H_n_q. 20 道 numpy 练习题[OL]. (2018-8-31)[2020-10-10]. https://blog.csdn.net/Dorisi_H_n_q/article/details/82259786.

[21] Surpassall. python 网络爬虫入门（一）——第一个 python 爬虫实例[OL]. (2018-4-28) [2020-10-10]. https://blog.csdn.net/weixin_39505820/article/details/80139670.

图书资源支持

感谢您一直以来对清华版图书的支持和爱护。为了配合本书的使用，本书提供配套的资源，有需求的读者请扫描下方的“书圈”微信公众号二维码，在图书专区下载，也可以拨打电话或发送电子邮件咨询。

如果您在使用本书的过程中遇到了什么问题，或者有相关图书出版计划，也请您发邮件告诉我们，以便我们更好地为您服务。

我们的联系方式：

地　　址：北京市海淀区双清路学研大厦 A 座 714

邮　　编：100084

电　　话：010-83470236　010-83470237

客服邮箱：2301891038@qq.com

QQ：2301891038（请写明您的单位和姓名）

资源下载：关注公众号“书圈”下载配套资源。

资源下载、样书申请

书圈

获取最新书目

观看课程直播